中国中药资源大典
——中药材系列
中药材生产加工适宜技术丛书
中药材产业扶贫计划

知母生产加工适宜技术

总主编 黄璐琦
主　编 叩根来
副主编 温春秀 马春英

中国医药科技出版社

内容提要

《中药材生产加工适宜技术丛书》以全国第四次中药资源普查工作为抓手，系统整理我国中药材栽培加工的传统及特色技术，旨在科学指导、普及中药材种植及产地加工，规范中药材种植产业。本书为知母生产加工适宜技术，包括：概述、知母药用资源、知母栽培技术、知母特色适宜技术、知母药材质量评价、知母现代研究与应用等内容。本书适合中药种植户及中药材生产加工企业参考使用。

图书在版编目（CIP）数据

知母生产加工适宜技术 / 叩根来主编 .— 北京：中国医药科技出版社，2018.3

（中国中药资源大典 . 中药材系列 . 中药材生产加工适宜技术丛书）

ISBN 978-7-5067-9893-8

Ⅰ . ①知…　Ⅱ . ①叩…　Ⅲ . ①知母—栽培技术 ②知母—中草药加工 Ⅳ . ① S567.23

中国版本图书馆 CIP 数据核字（2018）第 013713 号

美术编辑　陈君杞

版式设计　锋尚设计

出版　中国医药科技出版社

地址　北京市海淀区文慧园北路甲 22 号

邮编　100082

电话　发行：010-62227427　邮购：010-62236938

网址　www.cmstp.com

规格　710 × 1000mm　1/16

印张　7 3/4

字数　68 千字

版次　2018 年 3 月第 1 版

印次　2018 年 3 月第 1 次印刷

印刷　北京盛通印刷股份有限公司

经销　全国各地新华书店

书号　ISBN 978-7-5067-9893-8

定价　22.00 元

中药材生产加工适宜技术丛书

—— 编委会 ——

本书编委会

主　　编　叩根来

副 主 编　温春秀　马春英

编写人员　（按姓氏笔画排序）

马春英（河北农业大学）
王文全（中国医学科学院药用植物研究所）
田　伟（河北省农林科学院药用植物研究中心）
叩　钊（石家庄以岭药业股份有限公司）
叩根来（河北省安国市科学技术局）
刘　莹（天津市尖峰天然产物研究开发有限公司）
刘灵娣（河北省农林科学院药用植物研究中心）
刘征辉（天津市农业质量标准与检测技术研究所）
杨太新（河北农业大学）
李　敏（河北省安国市农业综合开发办公室）
欧阳艳飞（河北省农林科学院药用植物研究中心）
贾东升（河北省农林科学院药用植物研究中心）
温春秀（河北省农林科学院药用植物研究中心）

序

我国是最早开始药用植物人工栽培的国家，中药材使用栽培历史悠久。目前，中药材生产技术较为成熟的品种有200余种。我国劳动人民在长期实践中积累了丰富的中药种植管理经验，形成了一系列实用、有特色的栽培加工方法。这些源于民间、简单实用的中药材生产加工适宜技术，被药农广泛接受。这些技术多为实践中的有效经验，经过长期实践，兼具经济性和可操作性，也带有鲜明的地方特色，是中药资源发展的宝贵财富和有力支撑。

基层中药材生产加工适宜技术也存在技术水平、操作规范、生产效果参差不齐问题，研究基础也较薄弱；受限于信息渠道相对闭塞，技术交流和推广不广泛，效率和效益也不很高。这些问题导致许多中药材生产加工技术只在较小范围内使用，不利于价值发挥，也不利于技术提升。因此，中药材生产加工适宜技术的收集、汇总工作显得更加重要，并且需要搭建沟通、传播平台，引入科研力量，结合现代科学技术手段，开展适宜技术研究论证与开发升级，在此基础上进行推广，使其优势技术得到充分的发挥与应用。

《中药材生产加工适宜技术》系列丛书正是在这样的背景下组织编撰的。该书以我院中药资源中心专家为主体，他们以中药资源动态监测信息和技术服务体系的工作为基础，编写整理了百余种常用大宗中药材的生产加工适宜技术。全书从中药材的种植、采收、加工等方面进行介绍，指导中药材生产，旨在促进中药资源的可持续发展，提高中药资源利用效率，保护生物多样性和生态环境，推进生态文明建设。

丛书的出版有利于促进中药种植技术的提升，对改善中药材的生产方式，促进中药资源产业发展，促进中药材规范化种植，提升中药材质量具有指导意义。本书适合中药栽培专业学生及基层药农阅读，也希望编写组广泛听取吸纳药农宝贵经验，不断丰富技术内容。

书将付梓，先睹为悦，谨以上言，以斯充序。

中国中医科学院 院长

中 国 工 程 院 院士 张伯礼

丁酉秋于东直门

总前言

中药材是中医药事业传承和发展的物质基础，是关系国计民生的战略性资源。中药材保护和发展得到了党中央、国务院的高度重视，一系列促进中药材发展的法律规划的颁布，如《中华人民共和国中医药法》的颁布，为野生资源保护和中药材规范化种植养殖提供了法律依据；《中医药发展战略规划纲要（2016—2030年）》提出推进“中药材规范化种植养殖”战略布局；《中药材保护和发展规划（2015—2020年）》对我国中药材资源保护和中药材产业发展进行了全面部署。

中药材生产和加工是中药产业发展的“第一关”，对保证中药供给和质量安全起着最为关键的作用。影响中药材质量的问题也最为复杂，存在种源、环境因子、种植技术、加工工艺等多个环节影响，是我国中医药管理的重点和难点。多数中药材规模化种植历史不超过30年，所积累的生产经验和研究资料严重不足。中药材科学种植还需要大量的研究和长期的实践。

中药材质量上存在特殊性，不能单纯考虑产量问题，不能简单复制农业经验。中药材生产必须强调道地药材，需要优良的品种遗传，特定的生态环境条件和适宜的栽培加工技术。为了推动中药材生产现代化，我与我的团队承担了农业部现代农业产业技术体系“中药材产业技术体系”建设任务。结合国家中医药管理局建立的全国中药资源动态监测体系，致力于收集、整理中药材生产加工适宜技术。这些适宜技术限于信息沟通渠道闭塞，并未能得到很好的推广和应用。

本丛书在第四次全国中药资源普查试点工作的基础下，历时三年，从药用资源分布、栽培技术、特色适宜技术、药材质量、现代应用与研究五个方面系统收集、整理了近百个品种全国范围内二十年来的生产加工适宜技术。这些适宜技术多源于基层，简单实用、被老百姓广泛接受，且经过长期实践、能够充分利用土地或其他资源。一些适宜技术尤其适用于经济欠发达的偏远地区和生态脆弱区的中药材栽培，这些地方农民收入来源较少，适宜技术推广有助于该地区实现精准扶贫。一些适宜技术提供了中药材生产的机械化解决方案，或者解决珍稀濒危资源繁育问题，为中药资源绿色可持续发展提供技术支持。

本套丛书以品种分册，参与编写的作者均为第四次全国中药资源普查中各省中药原料质量监测和技术服务中心的主任或一线专家、具有丰富种植经验的中药农业专家。在编写过程中，专家们查阅大量文献资料结合普查及自身经验，几经会议讨论，数易其稿。书稿完成后，我们又组织药用植物专家、农学家对书中所涉及植物分类检索表、农业病虫害及用药等内容进行审核确定，最终形成《中药材生产加工适宜技术》系列丛书。

在此，感谢各承担单位和审稿专家严谨、认真的工作，使得本套丛书最终付梓。希望本套丛书的出版，能对正在进行中药农业生产的地区及从业人员，有一些切实的参考价值；对规范和建立统一的中药材种植、采收、加工及检验的质量标准有一点实际的推动。

2017年11月24日

前言

中药材加工是中药生产的重要环节，中药材质量直接关系到疗效的好坏，对人民身体健康至关重要。随着我国中药现代化发展，中药农业应运而生，发展速度较快，中药材生产作为一种特色产业受到各产地政府的大力支持，成为调整农业产业结构、农业增效、农民增收的一个重要内容和途径。中药材人工栽培、基地建设发展迅速，出现不少道地药材规模化种植基地。随着中药材基地建设的发展，在中药材质量控制方面还存在不少问题，中药材的生产过程包括中药材种植、管理、采收、加工等一系列内容，其中每一个环节均会影响药材质量。

我们在广泛总结药农经验的基础上结合工作实践，并查阅参考了相关著作及科研论文等资料，对知母道地药材的生产技术进行了整理，以期达到技术较为全面，生产出质量优良的知母药材产品的目的。

本书主要介绍知母的生产加工适宜技术，阐述了知母的资源、种植、加工及药材学等内容，在突出适宜技术的基础上兼顾知识的系统性。编写中设置的章节包括知母的植物学知识、药材学知识、农学和植物保护知识等。全书共分六章，第一章为概述，简要介绍了中药材知母来源和药材学知识；第二章为知母药用资源，主要介绍知母基源植物的形态和生物学特征，以及在全国范围内的生态适宜种植区域；第三章和第四章介绍了知母栽培技术和特色适宜技术，对知母的栽培技术、病虫害防治技术、采收加工技术进行了系统的介绍；第五章和第六章为知母药材质量评价和现代研究与应用，简述了知母的药材学特点和药理作用，并介绍了目前最新的科研成果。本书编写力求紧密联系实际，理论和实践相结合；力求科学、实用和先进，切实推动道地中药材的规范化种植，确保中药资源可持续利用与生产出高品质、高质量的中药材产品。

该书在编写过程中得到了河北省农林科学院药用植物研究中心、河北农业大学、中国医学科学院药用植物研究所等科研院所专家学者的大力支持和帮助，并提供部分技术资料和图片；还引用了相关专家学者发表的论文论著，在此一并表示诚挚的谢意。

由于编者水平所限，尽管我们已经做出了最大努力，疏漏和不足之处在所难免，恳请广大读者批评指正。

编者

2017年10月

目 录

第1章　概述……1

第2章　知母药用资源……5

第一节　知母的植物学特征……6

一、知母的植物学特征……6

二、知母的生物学特性……7

第二节　知母的分布及资源现状……8

一、地理分布……8

二、资源现状……10

第3章　知母栽培技术……11

第一节　知母的种植方法……12

一、生物学特性及生长习性……12

二、种植方法……12

三、田间管理……18

四、采收加工……19

第二节　知母的病虫害防治……20

一、虫害……20

二、病害……22

第4章　知母特色适宜技术……23

第一节　知母的规范化栽培技术……24

一、生长条件……24

二、生物学特性及生长习性……24

三、种质特性……26

四、种植方法……26

五、田间管理……30
六、病虫害防治……31
七、采收加工……31
八、质量标准及监测……32
九、包装储藏及运输……33
第二节　河北省无公害知母田间生产技术规程……33
一、范围……33
二、规范性引用文件……34
三、产地环境……34
四、生产管理……35
五、主要病虫害种类及发生条件……36
六、病虫害防治……37
七、采收……38
第三节　知母仿野生规范化种植操作规范……39
一、产区选择……40
二、选地整地……40
三、育苗移栽种植……41
四、直播种植……41
五、田间管理……41
六、病虫害防治……43
七、采收加工……44
八、质量标准及检测……44
九、包装储藏及运输……45
第四节　知母林药间作规范化操作规程……45
一、产区选择……46
二、整地……47
三、直播……47
四、育苗移栽种植……49
五、田间管理……49
六、病虫害防治……51
七、质量标准及检测……52

八、包装储藏及运输……52

第5章 知母药材质量评价……55
第一节 本草考证与道地沿革……56
一、知母产地的文献考证……56
二、知母基原和原植物考证……58
三、知母道地药材性状和质量评述……58
四、知母道地药材采收加工方法考证……59
五、知母的人工驯化栽培……60
第二节 药用性状与鉴定……60
第三节 质量评价……65
第四节 知母的市场及产销情况……68
一、知母概况……68
二、知母历史价格走势……68
三、知母种植成本……71
四、知母库存量……71
五、后市行情……72
第五节 知母炮制工艺……73
一、知母传统炮制工艺……73
二、知母炮制工艺现代研究……75

第6章 知母现代研究与应用……81
第一节 化学成分……82
一、知母的化学成分……82
二、不同产地知母的化学成分……83
第二节 药理作用……83
第三节 知母的应用……87
一、知母的中医学应用……87
二、改善生态环境……93

附录一　中药材种子质量标准　西陵知母 95
附录二　中药材种苗质量标准　西陵知母 97

参考文献 105

第1章

概　述

知母（*Anemarrhena asphodeloides* Bunge）也叫毛知母，多年生草本植物，具横走根状茎，叶由基部丛生，细长披针形，花茎自叶丛中长出，圆柱形直立，花小，粉红色、淡紫色至白色；2～3朵簇生，排成总状花序。果实长椭圆形，内有1～6粒黑色种子，花果期6～9月。

知母中药别名有兔子油草、大芦水、妈妈草、蒜瓣子草、羊胡子根、地参等。知母具有较强抗旱和抗寒能力，在干旱少雨的荒山、荒漠、荒地中都能生长，是绿化山区和荒原的首选品种，全年各季节都能播种，主要是春播或夏播。

知母在我国入药历史悠久，是中药中清热泻火药的重要代表，性寒，味苦、甘，具清热泻火、生津润燥等功效，用于外感热病、高热烦渴、肺热燥咳、骨蒸潮热、内热消渴、肠燥便秘等症。知母的主要药用活性成分是皂苷类化学物，包括知母皂苷A-Ⅰ、A-Ⅱ、A-Ⅲ、A-Ⅳ、B-Ⅰ、B-Ⅱ，其皂苷元有菝葜皂苷元、马尔可皂苷元和新吉托皂苷元，其结合的糖有α-葡萄糖和α-半乳糖等。此外知母还含有一定量的黄酮类化合物。2015年版《中华人民共和国药典》（一部）规定，知母中芒果苷含量不得少于0.7%，知母皂苷B-Ⅱ含量不得少于3.0%。知母入药有“毛知母”与“知母肉”之分。

知母的地理主要分布于东北、华北、西北的10个省（自治区），跨越东经106°～127°，北纬34°～53°。主要产区在河北、北京市、天津市、山西、山东

（山东半岛）、河南、陕西（北部）、甘肃（东部）、宁夏、内蒙古（南部）、辽宁（西南部）、吉林（西部）和黑龙江（南部）；也分布于朝鲜等地。河北、山西的知母主要集中分布于太行山脉两侧。河北易县、涞源一带是知母的道地产区，所产知母品质为全国之首，其药材习称“西陵知母”。

野生毛知母主产地河北易县、涞水、涞源、灵寿、平山、张北、赤城、阜平；山西榆社、五台、代县、寿阳；内蒙古扎鲁特旗、西乌珠穆、东台珠穆、林西、科尔左中旗、阿荣旗；辽宁铁岭、阜新等地亦有分布。

栽培知母主产于河北省安国市及周边的博野、定州、深泽、安平、里县等地；近年来安徽省亳州市知母种植面积也较大，主要种植在谯城区十九里镇马老家一带等。

第2章

知母药用资源

第一节　知母的植物学特征

一、知母的植物学特征

知母为多年生草本，株高50～100cm。全株无毛。根茎横生，粗壮，密被许多黄褐色纤维状残叶基，下面生有多数肉质须根。叶基生，丛生，线形，长20～60cm，宽3～7mm，上面绿色，下面深绿色，无毛，质稍硬，叶基部扩大包着根茎。花葶直立，不分枝，高50～120cm，下部具披针形退化叶，上部疏生鳞片状小苞片；花2～6朵成一簇，散生在花葶上部呈总状花序，长20～40cm；花黄白色或淡紫色，干后略带紫色，多于夜间开放，具短梗；花被片6，基部稍连合，2轮排列，长圆形，长5～8mm，宽1～1.5mm，先端稍内褶，边缘较薄，具3条淡绿色纵脉纹；发育雄蕊3，着生于内轮花被片近中部，花药黄色，退化雄蕊3，着生于外轮花被片近基部，不具花药；雌蕊1，子房长卵形，3室，花柱短，柱头1。蒴果长卵圆形，长10～15mm，直径5～7mm，成熟时沿腹缝线上方开裂为3裂片，每裂片内能常具1～2颗种子。种子新月形或长椭圆形，具3～4条翅状棱，两端尖，长8～12mm，表面黑色。花期5～8月，果期7～9月。

二、知母的生物学特性

知母喜光、耐寒、耐旱、怕涝，适应性很强。北方可在田间越冬，除幼苗期需适当浇水外，生长期间不宜过多浇水，特别在高温期间，如土壤水分过多，生长不良，且根状茎容易腐烂；但以土质疏松、肥沃、排水良好的腐殖质壤土和砂质壤土上生长较好。

知母以根及根茎在土壤中越冬，春季3月下旬至4月上旬，平均气温7～8℃时开始发芽，7～8月生长旺盛，9月中旬以后地上部分生长停止，11月上旬茎叶全部枯竭进入休眠。知母生长2年开始抽花茎，一般于5～6月开

图2-1 知母花穗

花，二年生植株只抽1枝花茎，三年生植株可抽5支花茎，每支花茎上的花数150～180朵，8月中旬至9月中旬蒴果成熟。种子容易萌发，种子寿命为1～2年。前1年采的种子到第2年发芽率仅为40%～50%，故播种宜选用当年产的种子，发芽适宜温度为20～30℃。

图2-2　知母植株

第二节　知母的分布及资源现状

一、地理分布

知母主要分布于东北、华北、西北的10个省（自治区），跨越东经106°～127°，北纬34°～53°。主要产区在河北、山西、内蒙古、陕西以及东北三省的西部等地。河北、山西的知母主要集中分布于太行山脉两侧。陕西、北京市、黑龙江、内蒙古、宁夏、山东、吉林、河南北部太行山南麓等地区亦有分布。

河北省是知母的主要产区，太行山脉是知母的主要分布区，故知母的来源地分类以太行山脉的位置作为参照。太行山脉为南北走向，基本与经线平行。我们依照它所在的经度分成东西两大类。我们称前者为东部产地，后者为西部产地。而东部各产地自然聚集为东北地区产地和河北省产地两小类。前者包括：大庆、泰康、突泉、通辽、赤峰；后者包括：涿鹿、北京、易县、平山、内丘、涉县。与此相同，太行山所在经线以西的所有产地也自然的聚集为两小类，分别是太行山脉西坡的产地和西北地区的产地。前者包括山西灵丘、繁峙、盂县、榆社、陵川、绛县和河南的辉县。后者包括陕西北部的定边、榆林、吴旗和宁夏的固原。根据易县所在的纬度为界，把各产地分为易县及以北和易县以南两类。

野生知母主产地河北省的易县、涞水、涞源、灵寿、平山、张北、赤城、阜平；山西省的榆社、五台、代县、寿阳；内蒙古自治区的扎鲁特旗、西乌珠穆、东台珠穆、林西、科尔左中旗、阿荣旗；辽宁省的铁岭、阜新等地亦有分布。

栽培知母主产于河北省安国市及周边的博野县、定州、深泽、安平、里县，其中河北博野的杜各庄、徐营、屯庄三个自然村最为集中。安徽省亳州市（亳州知母主要种植在谯城区十九里镇马老家一带，赵桥、十八里、谯东等乡镇也有种植），形成了中国知名的两大种植基地。

二、资源现状

知母又称毛知母，具有清热泻火、生津润燥之功效。用于外感热病、高热烦渴、肺热燥咳、骨蒸潮热、内热消渴、肠燥便秘等症，全国年需求量3000吨左右。市场销售主要以饮片为主，多是药农采挖后直接加工而成。知母行情有升有降，变化无常。

由于近年来野生知母被大量滥采混挖，野生资源非常匮乏，因此，20世纪90年代后期栽培知母占据市场主体；栽培知母中多采取种子育苗后移栽，春天栽种；采挖时间以秋季或春季进行。

第3章

知母栽培技术

知母为我国常用中药材，应用历史悠久，本品为百合科知母属多年生草本植物知母的干燥根茎。主产于河北、山西、陕西、内蒙古、河南、北京、天津等地。以河北易县、涞源一带产者品质为全国之首，药材习称“西陵知母”。

第一节　知母的种植方法

一、生物学特性及生长习性

知母为多年生草本。根状茎横生，粗壮，被黄褐色纤维。

知母人工栽培的历史较短，主要于20世纪70年代中期由野生变家种训化成人工种植品种。

二、种植方法

根据繁殖材料，目前知母可以分为育苗移栽、直播繁殖和分株繁植三种种植方法，可分为大田栽培和仿野生栽培两种栽培方式。

（一）选地整地

大田栽培宜选择排水良好、疏松的腐殖质多的壤土和砂质壤土种植，作为育苗地一般要求具有灌溉条件，对易发生积水的地形应设置排水设施。仿野生栽培可用荒坡、梯田、地边、路旁等零散土地栽培。大田种植时结合翻耕整地每亩施用充分腐熟的厩肥300kg、过磷酸钙75kg、磷酸二铵30kg、硫酸钾15kg，或每亩用含氮、磷、钾的三元素复合肥80kg作为基肥；不论选用哪种肥料后都要均匀撒入地内，深耕细耙，整平后作2～3m的平畦待播。

（二）选种留种

知母不论是育苗移栽还是直播，都是需要用当年产的新种子进行种植；隔年种子发芽率很低，生产上多不采用。选择二年生的知母田进行采种，种子于8月上旬开始陆续成熟，一直延续到9月底。经试验以8月中旬以后到9月上旬采收的种子发芽率及质量最好；采收后的种子放到通风干燥处晾干去除外壳及杂质后备用。

种子分级标准：种子纯度的高低是衡量种子质量优劣的主要指标，我国种子纯度检验规定，高纯度应大于99%，低于90%要作为混色出售，低于80%的不得出售。依据国家规定，结合西陵知母种子生产实际，把知母种子分级标准中的纯度定为：一级知母种子纯度大于99%，二级知母种子纯度在90%～99%之间，三级知母种子纯度在80%～90%之间，四级知母种子纯度小于80%。一级种子最优，二级种子也符合播种要求，生产上可以采用（图3-1）。

表3-1　知母种子分级标准

采种情况	一等	二等	三等	等外
千粒重	≥ 9.5g	8.5～9.5g	7.5～8.5g	<7.5g
发芽率	≥ 90%	80% ～90%	70% ～80%	<70%
纯度	≥ 99%	90% ～99%	80% ～90%	<80%

图3-1　知母种子

（三）育苗

1. 条播育苗

将一级或二级优良种子于4月中下旬在底墒充足、整好地的畦内，顺畦按行距15～20cm，用精量播种机进行播种，覆土厚度0.5～1cm，顺行镇压耧平即可，每亩用种量5～8kg；保持土壤湿润15～20天即可出苗，生长1年后进行移栽（图3-2）。

图3-2　知母育苗条播

2. 宽幅播种育苗

将一级或二级优良种子于4月中下旬在底墒充足、整好地的2～3m宽的畦内，顺畦按行距15cm，用耠子或独角耧开浅沟，将沟底趟平，顺沟底将种子均匀撒入，播幅宽10～15cm，然后用铁耙耧平，以盖严种子即可，一般覆土厚度0.5～1cm，亩用种量10～15kg；保持土壤湿润15～20天即可出苗，生长1年后进行移栽（图3-3）。

图3-3 知母育苗宽幅播种

3. 种苗分级标准

通过对一年生知母播种苗的分级标准进行考查，确定了在生产上既切合实际又很合理的分级指标——球茎直径和须根数；然后应用来自密度和灌溉施肥试验中的各种知母种苗构建一个大样本，对一年生知母播种苗和一年半生知母种苗的分级标准进行了数学分析，得出知母种苗分级标准（表3-2）。

表3-2 知母种苗分级标准

生长年限	分级指标	一等	二等	三等	等外
一年生苗	球茎直径 X_1/cm	$X_1 \geqslant 0.8$	$0.5 \leqslant X_1 < 0.8$	$0.2 \leqslant X_1 < 0.5$	$X_1 < 0.2$
	须根数 Y_1/个	$Y_1 \geqslant 10$	$6 \leqslant Y_1 < 10$	$3 \leqslant Y_1 < 6$	$Y_1 < 3$
	损伤及病虫害苗比例	<5%	<10%	<20%	>20%
一年半龄苗	球茎直径 X_2/cm	$X_2 \geqslant 1.5$	$1.0 \leqslant X_2 < 1.5$	$0.5 \leqslant X_2 < 1.0$	$X_2 < 0.5$
	须根数 Y_2/个	$Y_2 \geqslant 20$	$12 \leqslant Y_2 < 20$	$5 \leqslant Y_2 < 12$	$Y_2 < 5$
	损伤及病虫害苗比例	<5%	<10%	<20%	>20%

知母育苗以春季为育苗的最佳季节：而秋季育苗比春季育苗出苗数少、出苗较慢、夏季雨水过多且温度过高不适于育苗（图3-4，图3-5）。

图3-4 知母种苗分级

图3-5 知母种苗育苗田

（四）直播种植

直播前施足基肥，整地做畦，在河北省于清明至谷雨节前后进行种植，顺畦按行距25～30cm，开1.5～2cm深的浅沟，将种子均匀地撒入沟内，覆土厚度0.5～1cm，稍镇压。播种时底墒要求充足，保持地面湿润，以利顺利出苗。地温在25℃以上时10～15天即可出苗。直播种植播种前一般不进行种子催芽，直播干种子，亩用种量1～2kg。

夏季雨季播种在下过透雨后进行，最好播种后保持1周以上的阴雨天气，播种方法同春播。也可秋播在10～11月进行，翌年4月出苗。

为保持土壤湿润，有条件时最好在地面覆盖一层杂草或秸秆。

如果种苗过密，需要于第2年结合间苗定苗进行移栽。秧苗移栽亩需种苗8000～9000株。

仿野生栽培，一般山区或丘陵地区进行仿野生栽培较好；根据播种时间可分为春季、雨季和秋季播种，根据情况也可以进行手撒种子播种。也可以按行距25～30cm，株距15～20cm进行点穴种植，种植出苗后在自然情况下生长。

（五）大田移栽

生长1年后的知母种苗，于第二年春季4月下旬至5月上旬进行大田移栽，按上述种苗分级标准选择优质种苗进行大田移栽，在充分施足底肥及整好地的畦内按行距25～30cm、株距20～25cm开5～8cm深的沟或挖穴栽植，覆土埋实浇水即可成活，亩栽种苗8000～10000株（图3-6）。

图3-6　育苗1年后移栽大田

三、田间管理

知母抗性和适应性较强，田间管理主要是施肥、松土、除草和剪薹。

幼苗出土后，要及时中耕除草，第一年知母生长缓慢，应浇小水，第一年除施足底肥外，可在中后期适当追施磷酸二铵、尿素；待第二年后，生长较快，应适当增加浇水次数和追施一些农家肥或三元素复合肥，一般每次亩施30kg左右复合肥，也可亩追施磷酸二铵20kg+15kg尿素，可追肥1～2次，促使根茎生长。如不需种子，可将花枝剪掉。高温多雨季节，应注意及时排水防涝。

知母播种后翌年夏季开始抽花茎，高达60～90cm，在生育过程中消耗大量的养分。为了保存养分，使根茎发育良好，除留种者外，在开花之前一律剪掉花薹，试验表明，采用这种方法可使药材产量增加15%～20%。

四、采收加工

采用种子种植的知母需要生长3～4年左右收获。收获时可在秋、春季节采收，秋季宜在10月下旬或11月上旬生长停止后，春季宜在3月上旬未发芽之前（图3-7）。将根状茎挖出后去掉芦头，洗净泥土，晒干或烘干（图3-8）。一般3kg鲜根可加工1kg干货，一般亩产400～500kg干货。目前知母基地化种植收获时，可采用药材收刨机械进行刨收，质量好、速度快。

图3-7 刚收刨的知母

图3-8 晾晒中的毛知母

知母有两种商品规格，带皮知母叫“毛知母”，去皮知母叫“光知母”。

第二节 知母的病虫害防治

知母在栽培期间一般病虫害很少发生，除个别低势低洼、易涝地块容易发病。

一、虫害

1. 蚜虫

每年发生无翅蚜，雌虫体长2.2mm，绿色、橙黄色或红褐色，有翅蚜、孤雌蚜体长2.2mm，头胸部黑色，腹部绿色；卵长椭圆形，有光泽。在种植区每年可发生10余代，以卵在多种植物上越冬，越冬卵春季孵化为干母，相继繁殖干雌和有翅迁移蚜，为害越冬寄主；4～5月开始迁飞到植株上繁殖为害；10月下旬有性雌蚜迁返越冬寄主，孤雌胎生有性雌蚜，与有性雄蚜交配后产卵越冬。

（1）物理防治　黄板诱杀蚜虫，有翅蚜初发期可用市场上出售的商品黄板；或用60cm×40cm长方形纸板或木板等，涂上黄色油漆，再涂一层机油，挂在行间株间，每亩挂30～40块。

（2）生物防治　前期蚜量少时可以利用瓢虫等天敌进行自然控制。无翅蚜发生初期，用0.3%苦参碱乳剂800～1000倍液，或天然除虫菊素2000倍液等植物源杀虫剂喷雾防治。

（3）药剂防治　选用高效低毒无残留的药剂进行防治。

2. 蛴螬（金龟子）

一年发生一个世代，以成虫和3龄老熟幼虫进行越冬。越冬后一般以幼虫为害地下部分，咬断细根，在粗根或地下茎上蛀食成疤痕或孔洞；取食刚播下的种子及幼芽。

（1）农业防治　冬前将栽种地块深耕多耙，减少金龟子幼虫的越冬基数，压低虫源基数。

（2）生物防治　施用乳状菌和卵孢白僵菌等生物制剂，乳状菌每亩用1.5kg

菌粉，卵孢白僵菌每平方米用2.0×10^9个孢子。

（3）物理防治　利用成虫的趋光性，在其盛发期用黑光灯或黑绿单管双光灯（发出一半黑光一半绿光）或黑绿双管灯（同一灯装黑光和绿光两只灯管）诱杀成虫（金龟子），一般50亩地安装一台灯。

（4）药剂防治　选用低毒、无残留、无公害的药剂进行防控。

二、病害

知母好发根腐病。病害发生主要为害根部，初期在根茎上形成褐色或深褐色病斑，病害逐渐发展造成腐烂，地上部萎蔫，最后导致全株死亡，高温高湿有利于发病，田间积水发病严重。

防治措施如下。

1. 农业防治

与禾本科作物实行3～5年轮作，苗期加强中耕，合理追肥、浇水，雨后及时排水；发现病株及时剔除，并携出田外处理。

2. 采用健身栽培方法

加强田间管理，合理追肥浇水，提高植株的抗病性。

3. 药剂防治

病害发生严重必要时可选用高效、低毒、无污染、无残留的药剂防治。

第4章

知母特色适宜技术

第一节 知母的规范化栽培技术

一、生长条件

野生知母分布于河北、山西、内蒙古、辽宁、吉林、黑龙江、陕西、甘肃、宁夏、河南、山东等省（自治区），生长于海拔200～1000m的向阳坡、地边、草原和杂草丛中。该地域年降水量一般在400～600mm，年平均温度4～14℃，年日照总时数2600～3000小时，无霜期100～200天。

人工种植基地的环境条件，首先应满足中药材规范化种植基地建设的要求，即土壤条件必须满足《土壤环境质量标准》（GB15618-1995）的二级以上质量标准；灌溉水必须符合《GB3095-1996》的二级质量标准。其次是基地的气候和土壤条件应满足知母生长发育的需要，并适宜进行高产优质药材的培育。知母对土壤要求不严，但以土质疏松、肥沃、排水良好的腐殖质壤土和砂质壤土栽培为宜，在阴坡地、黏土及低洼地生长不良，且根茎易腐烂。

二、生物学特性及生长习性

知母为多年生草本。根状茎横生，粗壮，被黄褐色纤维。叶基生，条形，长30～50cm，宽3～6mm，花葶圆柱形，连同花序长50～100cm或更长；苞片状退化叶从花葶下部向上部很稀疏地散生，下部的卵状三角形，顶端垂狭尖，上部的逐渐变短；总状花序长20～40cm，2～6朵花成一簇散生在花序轴上，每簇花具1苞片；花淡紫红色，具短梗；花被片6，矩圆状条形，长7～8mm，宽1～1.5mm，具3～5脉，内轮3片略宽；雄蕊3枚，与内轮花被片对生；花丝长为花被片的3/5～2/3，与内轮花被片贴生，仅有极短的顶端分离；子房卵形，长约1.5mm，宽约1mm，向上渐狭成花柱。蒴果长卵形，具6纵棱，千粒重7.6g左右。

知母以根及根茎在土壤中越冬，春季3月下旬至4月上旬，平均气温7～8℃时开始发芽，7～8月生长旺盛，9月中旬以后地上部生长停止，11月上旬茎叶全部枯竭进入休眠。生长2年开始抽花茎，一般于5～6月开花，二年生植株只抽1枝花茎，三年生植株可抽5枝花茎，每枝花茎上的花数150～180朵，8月中旬至9月中旬蒴果成熟。种子容易萌发，种子寿命为1～2年。第1年采的种子到第2年发芽率仅为40%～50%，故播种时宜选用生长期2年以上植株采收的种子，发芽适宜温度为20～30℃。

知母喜光、耐寒、耐旱、怕涝，适应性很强。北方可在田间越冬，除幼苗期须适当浇水外，生长期间不宜过多浇水，特别在高温期间，如土壤水分过多，生长不良，且根状茎容易腐烂。

三、种质特性

知母人工栽培的历史较短，其野生变家栽开始于20世纪50年代末，优良栽培品种和品系研究工作还没有系统开展，还没有培育出栽培品种和优良无性系，目前人工栽培使用的种子均来源于野生变家栽的人工种群。北京中医药大学专家经过对全国各地自然分布和栽培种群的调查研究，初步遴选出一些在外部形态上具有显著差异的变异类型，如宽叶类型和窄叶类型（图4-1），并在知母的道地产区河北省易县西陵建立了种质资源圃，开始进行优良栽培品种和种源的选育研究工作。

图4-1　知母窄叶类型和宽叶类型

四、种植方法

根据繁殖方法，目前知母的栽培可以分为育苗移栽、直播和分株繁殖三种种植方法，根据土地和栽培管理强度可以分为集约栽培和仿野生栽培两种栽培方式。

（一）选地整地

集约栽培宜选择排水良好，疏松的腐殖质壤土和砂质壤土种植，作为育苗地一般要求具有灌溉条件，对易发生积水的地形应设置排水设施。仿野生栽培可用荒坡、梯田、地边、路旁等零散土地栽培。育苗和集约栽培地，结合整地每公顷施腐熟的厩肥4500kg，作为基肥，均匀撒入地内，深耕细耙，整平后作畦。仿野生栽培一般随地势变化用直径30cm左右的穴状整地或不整地。

（二）育苗移栽种植

育苗移栽种植包括育苗和移栽种植两个生产环节，为了节约土地缩短生产周期，集约栽培一般采用育苗移栽种植。在种子缺乏的条件下，仿野生栽培也可以采用先育苗再移栽的种植方法。

知母种子发芽的适宜温度较高，一般平均气温13～15℃时，种子萌发一般需要15～20天；若气温在18～20℃时，1周左右开始萌发。播种前一般要进行种子催芽。在播种之前，将种子用60℃温水浸泡8～12小时，捞出并与种子2倍量的湿砂拌匀，然后在背风向阳温暖之处挖深20～30cm催芽坑，坑的面积视种子多少而定，将种子平铺于坑内，上面覆土5～6cm，再用农用塑料膜覆盖，周围用土压好。待多数种子的胚芽刚刚穿破种皮伸出时即可进行大田育苗播种（图4-2）。

图4-2　知母种子催芽播种

在平整做畦的土地上，按行距10～15cm开沟，沟深约2cm，每亩播种量约1kg，将种子均匀地撒播在沟内覆土镇压。为保证出苗整齐，一般在播种之前要灌足底水，如果来不及也可以在播种时开沟浇水，待水分渗透以后再下种覆土。出苗前要保持土壤湿润，可以用农用塑料膜或秸秆覆盖地面以减少土壤水分蒸发，播种后10～20天出苗，待苗高5～6cm时，按计划留苗密度定苗。

移栽种植在春季、雨季和秋季均可进行，集约栽培一般采用春季移栽，仿野生栽培以雨季为主，春秋季也可栽培。春季移栽，采用上一年培育的种苗，在整好的土地上按行距25～30cm开沟，沟深5～6cm，按株距10～15cm进行栽植，覆土压紧，覆土深度以超过种苗原地面2cm为宜。土壤干旱时栽后应灌一次透水。雨季和秋季栽植，将种苗地上叶片保留10cm左右，多余部分用剪子剪掉，以减少移栽后蒸腾失水影响缓苗，其他技术要求和春季移栽相同。雨季移栽一般采用上一年培育的种苗，秋季移栽一般采用当年春季播种培育出的优质种苗。

（三）直播种植

直播种植多用于仿野生栽培。根据播种时间可分为春季、雨季和秋季播种。直播种植播种前一般不进行种子催芽，为了缩短出苗时间，春季和雨季播种前也可以进行催芽处理。春播只适用于土壤墒情良好的地块，一般在4月初进行。雨季播种在下进透雨后进行，最好播种后保持1周以上的阴雨天气。秋播在10～11月进行，翌年4月出苗。直播法播种行距为20～25cm，开沟深度2～3cm，播种量为每亩1～2kg，把种子均匀撒入沟内，覆土盖平，为保持土壤湿润，最好在地面覆盖一层杂草或秸秆。

（四）分株繁殖

秋季植株枯萎时或翌春解冻后返青前，刨出两年以上根茎（野生植株或人工种植），分段切开，每段长5～8cm，每段带有2个芽，作为种栽。为了节省繁殖材料，在收获时，可把根茎的芽头切下来作为繁殖材料。集约栽培按行距25cm开沟，沟深6cm，将种栽按株距10cm平放在沟内，然后覆土后压紧，灌透水一次即可。每公顷用种栽1500～3000kg。仿野生栽培，可以按行距25～30cm，株距15～20cm进行穴植。

五、田间管理

知母抗倒伏性和适应性较强，田间管理主要是施肥、松土、除草和剪薹。

若气候干旱，育苗地和集约栽培地应适当浇水，出苗后应及时松土除草。集约栽培地，春季发芽前可每亩追施腐熟的牲畜粪1000kg，可同时混施复合肥50kg，采用行间开沟施肥，追肥后应浇水1～2次。仿野生栽培一般不进行追肥，可以采用覆盖有机物的方式改善生态环境增加土壤肥力。每亩顺垄覆盖麦糠、麦秸或柴草800～1200kg。每年1次，连续覆盖2～3年，中间不需要翻动。覆盖柴草有增加有机质、改良土壤、保持水分、减少杂草横生的综合效应，为知母生长发育创造了良好的生态环境。

知母播种后翌年夏季开始抽花茎，高达60～90cm，在生育过程中消耗大量的养分。为了保存养分，使根茎发育良好，除留种者外，在开花之前一律剪掉花薹，试验表明，采用这种方法可使药材产量增加15%～20%。现在知母已经可以实现机械精量播种（图4–3）。

图4–3　药材精量播种、大型播种机械

六、病虫害防治

知母的抗病能力较强，一般不需要采用农药防治。主要害虫为蛴螬，为害幼苗及根茎，可以采用常规方法进行防治。无论是虫害还是病害，如果采用化学防治，均应根据中药材GAP的要求选择农药进行防治。

七、采收加工

采用种子繁殖知母需要生长4～5年收获，用根茎分株繁殖的需生长3～4年收获。可在秋、春季节采收，秋季宜在10月下旬至11月上旬生长停止后，春季宜在3月上旬未发芽之前。将根状茎挖出后去掉芦头，洗净泥土，晒干或烘干。一般3～4kg鲜根可加工1kg干货。知母的采收也有相应的机械（图4-4）。

图4-4　知母药材收刨机械

知母有两种商品规格，东北、西北、华北、华东地区习用去皮知母即“光知母”，西南和中南地区习用带皮知母即“毛知母”。将采下的根茎摊开晾晒在阳光充足的晒台上，每周翻倒摔打一次直至晒干，一般需要60～70天。晒干后去掉须根，即为毛知母。光知母也叫知母肉，应趁鲜剥去外皮，再晒干或烘干，如果阳光充足，1周左右就可晒干。知母去粗毛也可用机械完成（图4-5）。

图4-5　知母去粗毛机械、药材

八、质量标准及监测

毛知母呈扁圆长条状，微弯曲，偶有分枝，长3～15cm，直径0.8～1.5cm。一端有浅黄色的茎叶残痕，习称“金包头”。表面黄棕色至棕色，上面有一凹沟，具紧密排列的环状节，节上密生黄棕色的残存叶基，下面略凸起，有纵皱纹及凹点状根痕或须根痕及残茎。质坚硬，易折断。断面黄白色，颗粒状。气微，味微甜略苦，嚼之带黏性。知母肉外皮大部分已除去，表面黄白色，有的残留少数毛须状残茎及凹点状根痕。以条粗质硬断面色黄白者为佳。2015年版《中国药典》规定，作为中药材知母的菝葜皂苷元（$C_{27}H_{44}O_3$）含量不得少于1.0%。

为保证药材质量的稳定有效，在采收至包装前必须按照中药材GAP有关规定进行检测，检测的指标应包括水分、总灰分、酸不溶灰分、浸出物、重金属和农药残留及药用指标成分等。具体检测方法参照《中国药典》执行。

九、包装储藏及运输

知母可采用麻袋、纤维编织袋或瓦楞纸盒包装，具体规格可按购货商要求而定。每件25kg左右，在包装材料上，应注明品名、规格、产地、批号、包装日期、生产单位，并附有质量合格的标志。包装好的产品如不能马上出售，应置于室内干燥的地方储藏，经常检查，以防吸潮发霉，同时还要注意防止鼠害。用于运输的工具或容器应具有较好的通气性，以保持干燥，并应有防潮措施，尽可能地缩短运输时间。同时不应与其他有毒、有害、易串味物质混装。

第二节　河北省无公害知母田间生产技术规程

一、范围

本标准规定了无公害知母田间生产产地环境条件、栽培技术、病虫害防治及田间配套管理措施。

本标准适用于河北省露地知母无公害田间生产过程。

二、规范性引用文件

下列文件中的条款通过本标准的引用而成为本标准的条款。凡是注明日期的引用文件，其随后所有的修改单（不包括勘误的内容）或修订版均不适用于本标准，然而，鼓励根据本标准达成协议的各方研究使用这些文件的最新版本。凡是不注明日期的引用文件，其最新版本适用于本标准。

GB 3095 环境空气质量标准

GB 5084 农田灌溉水质标准

GB 15618 土壤环境质量标准

《中华人民共和国药典》

GB/T 8321.1～7 农药合理使用准则（一～七）

三、产地环境

选择不受污染源影响或污染物含量限制在允许范围之内，生态环境良好的农业生产区域。产地的空气质量符合GB 3095二级标准，灌溉水质量符合GB 5084标准，土壤质量符合 GB 15618二级标准。

四、生产管理

1．选地整地

知母生长对土壤要求不严，山地、平原均可种植。种植前每亩施农家肥2000～3000kg，配施磷酸二铵30kg，耕20～30cm深，耙细整平。

2．播种材料

选择《中国药典》规定的百合科植物知母（*Anemarrhena asphodeloides* Bge.）的种子。

3．播种

（1）直播　4月中下旬，按行距30cm开浅沟将种子均匀播入，覆土1～2cm，稍加镇压。每亩需种子1.5～2kg。

（2）育苗移栽

①育苗　播种时按行距10cm开沟播入，覆土1～2cm，稍加镇压。播种量7～10千克/亩。

②移栽　移栽在春季或秋季均可。按行距30cm开沟，沟深5～6cm，然后将种苗按照20cm的株距栽入沟内。

4．田间管理

（1）定苗　直播田块，于苗高10cm时按株距20cm左右定苗。

（2）中耕除草　幼苗出土3片真叶时，浅锄松土。以后一般每年除草松土2～3次。雨后和秋末要注意培土。

（3）追肥　6月底每亩追施尿素20kg、过磷酸钙30kg、硫酸钾10kg。

（4）灌水排水　直播地幼苗期灌水1次，移栽地栽后灌水1次，采收前一个月灌水1次。雨季注意排水。

（5）剪薹　5～6月间，除留种田外，开花前及时剪去花薹。

五、主要病虫害种类及发生条件

知母的主要病虫害种类及发生条件参见表4-1。

表4-1　知母常见病虫害及发生条件

病虫害名称	病原、害虫种类或类别	传播途径	有利发生条件
蚜虫	同翅目，蚜科 *Aphidoidae*	成虫迁移扩散	18～25℃、一定湿度
蛴螬（金龟子）	鞘翅目，丽金龟科 *Rutelidae*；鳃金龟科 *Melolonthidae*	成虫迁移扩散	春秋季节，有机质多、土壤肥沃的地
立枯病	真菌：半知菌亚门，立枯丝核菌 *Rhizoctonia solani*	土壤、病残体、风雨传播	低温高湿、植株生长不良等情况下易发病
枯萎病	真菌：半知菌亚门，镰刀菌属 *Fusarium oxysporum*	土壤、病残体、种子传播	重茬地，土壤黏性、瘠薄、管理粗放，土壤湿度大易发病

六、病虫害防治

1. 基本原则

贯彻“预防为主，综合防治”的植保方针，通过选用抗性品种，培育壮苗，加强栽培管理，科学施肥等栽培措施，综合采用农业防治、物理防治、生物防治，配合科学合理地使用化学防治，将有害生物危害控制在允许范围以内。农药安全使用间隔期遵守GB/T 8321.1～8321.7，没有标明农药安全间隔期的农药品种，收获前30天停止使用，农药的混剂执行其中残留性最大的有效成分的安全间隔期。

2. 蚜虫

（1）物理防治　黄板诱杀蚜虫，有翅蚜初发期可用市场上出售的商品黄板；或用60cm × 40cm长方形纸板或木板等，涂上黄色油漆，再涂一层机油，挂在行间株间，每亩挂30～40块。

（2）生物防治　前期蚜量少时保护利用瓢虫等天敌，进行自然控制。无翅蚜发生初期，用0.3%苦参碱乳剂800～1000倍液，或天然除虫菊素2000倍液等植物源杀虫剂喷雾防治。

3. 蛴螬（金龟子）

（1）农业防治　冬前将栽种地块深耕多耙，减少金龟子幼虫的越东基数，压低虫源基数。

（2）生物防治　施用乳状菌和卵孢白僵菌等生物制剂，乳状菌每亩用1.5kg菌粉，卵孢白僵菌每平方米用2.0×10^9孢子。

（3）物理防治　利用成虫的趋光性，在其盛发期用黑光灯或黑绿单管双光灯（发出一半黑光一半绿光）或黑绿双管灯（同一灯装黑光和绿光两只灯管）诱杀成虫（金龟子），一般50亩地安装一台灯。

（4）药剂防治　可选用高效低毒、无残留的药剂进行防治。

4. 立枯病

（1）农业防治　与禾本科作物实行3～5年轮作，苗期加强中耕，合理追肥、浇水，雨后及时排水；发现病株及时剔除，并携出田外处理。

（2）药剂防治　可选用高效低毒、无残留的药剂进行防治。

七、采收

移栽2年、直播3年后收获。春、秋二季采挖，春季于解冻后，发芽前，秋季于地上茎叶枯黄后至上冻前。将根状茎刨出后去掉芦头，抖去泥土，去掉须根，晒干或烘干，即为“毛知母”，或趁鲜除去外皮，晒干或烘干，即为“光知母”。

第三节　知母仿野生规范化种植操作规范

知母生产的地道产区易县的坡仓镇、西陵镇；石家庄地区的灵寿县，这几个地点均为丘陵地区和山区（图4-6，图4-7），相当部分地块适合仿野生栽培种植，而且这些地大部分为旱地，土壤质地非常适合知母的生长，人工播种后，在其自然条件下生长4～6年后其生长的药材非常接近野生药材，根据实际情况特制定了知母仿野生的规范化操作规程。

图4-6　荒坡山地种植知母

图4-7　河北易县仿野生山地知母

一、产区选择

仿野生规范化种植基地的环境条件，首先应满足中药材GAP基地建设的要求，即土壤条件必须满足《土壤环境质量标准》（GB 15618–1995）的二级以上质量标准、灌溉水必须符合《农田灌溉水质标准》（GB 5048–92）规定的农田灌溉水标准，大气质量应达到《环境空气质量标准》（GB 3095–1996）的二级质量标准。其次是基地的气候和土壤条件应满足知母生长发育的需要，并适宜进行高产优质药材的培育。知母对土壤要求不严，但以土质疏松、肥沃、排水良好的腐殖质壤土和砂质壤土栽培为宜，在阴坡地、黏土及低洼地生长不良，且根茎易腐烂。

二、选地整地

选地时宜选择排水良好，疏松的腐殖质壤土和砂质壤土，可以选择荒坡、梯田、地边、路旁等零散土地栽培。育苗栽培地，结合整地每公顷施腐熟的厩肥45000kg作为基肥，均匀撒入地内，深耕细耙，整平后做平畦。仿野生栽培一般随地势变化采用直径约30cm的穴状整地或不整地。

三、育苗移栽种植

育苗移栽种植于春季进行。采用上一年培育的种苗，在整好的土地上按行距25～30cm开沟，沟深5～6cm，按株距10～15cm进行栽植，覆土压紧，覆土深度以超过种苗原地面土约2cm为宜。土壤干旱时栽后应灌一次透水。

四、直播种植

直播种植根据播种时间可分为春季、雨季和秋季播种。直播种植播种前一般不进行种子催芽，为了缩短出苗时间，春季和雨季播种前也可以进行催芽处理。春播只适用于土壤墒情良好的地块，一般在4月初进行。雨季播种在下过透雨后进行，最好播种后保持一周以上的阴雨天气。秋播在10～11月份进行，翌年4月出苗。直播法播种行距为20～25cm，开沟深度2～3cm，播种量1～2千克/亩，把种子均匀撒入沟内，覆土盖平，为保持土壤湿润，最好在地面覆盖一层杂草或秸秆。

五、田间管理

知母抗性和适应性较强，田间管理主要是灌溉、松土、除草和剪薹。

若气候干旱，应适当浇水，出苗后应及时松土除草。仿野生栽培一般不进行追肥，可以采用覆盖有机物的方式改善生态环境增加土壤肥力。每亩顺垄覆盖麦糠、麦秸或柴草800～1200kg。每年1次，连续覆盖2～3年，中间不需要翻动。覆盖柴草有增加有机质、改良土壤、保持水分、减少杂草横生的综合效应，为知母生长发育创造了良好的生态环境。

知母播种后翌年夏季开始抽花薹，高达60～90cm，在生育过程中消耗大量的养分。为了保存养分，使根茎发育良好，除留种者外，在开花之前一律剪掉花薹，试验表明，采用这种方法可使药材产量增加15%～20%。

知母还可以和苹果、核桃、板栗、柿子、杏树等间作（图4-8）。

a

b

c

d

e

f

g

图4-8　不同树种林药间作知母模式

a. 苹果树间作知母　b. 核桃树间作知母　c. 板栗树间作知母　d. 柿子树间作知母　e. 杏树树间作知母　f. 枣树间作知母　g. 连翘间作知母

六、病虫害防治

知母的抗病能力较强，一般不需要采用农药防治。主要害虫为蛴螬，危害幼苗及根茎，可以采用常规方法进行防治。无论是虫害还是病害，在必要的情况下可采用化学防治，均应根据中药材GAP的要求选择农药进行防治。

七、采收加工

知母药材，宜在10月下旬至11月上旬生长停止后采收。将根状茎刨出后去掉芦头，洗净泥土，晒干或烘干。

知母有两种商品规格，东北、西北、华北、华东地区习用去皮知母即“光知母”，西南和中南地区习用带皮知母即“毛知母”。将采下的根茎摊开晾晒在阳光充足的晒台上，每周翻倒摔打一次直至晒干，一般需要60～70天。晒干后去掉须根，即为毛知母。光知母也叫知母肉，应趁鲜剥去外皮，再晒干或烘干，如果阳光充足，一周左右就可晒干。

八、质量标准及检测

毛知母呈扁圆长条状，微弯曲，偶有分枝，长3～15cm，直径0.8～1.5cm。一端有浅黄色的茎叶残痕，习称“金包头”。表面黄棕色至棕色，上面有一凹沟，具紧密排列的环状节，节上密生黄棕色的残存叶基，下面略凸起，有纵皱纹及凹点状根痕或须根痕及残茎。质坚硬，易折断。断面黄白色，颗粒状。气微，味微甜略苦，嚼之带黏性。知母肉外皮大部分已除去，表面黄白色，有的残留少数毛须状叶茎及凹点状根痕。以条粗质硬断面色黄白者为佳。2015年版《中华人民共和国药典》规定，知母中药材的芒果苷含量不得少于0.70%，知母皂苷B-Ⅱ含量不得少于3.0%。

为保证药材质量的稳定有效，在采收至包装前必须按照中药材GAP有关规定进行检测，检测的指标应包括水分、总灰分、酸不溶灰分、浸出物、重金属和农药残留、有害微生物以及药用指标性成分等。具体检测方法参照2015版《中华人民共和国药典》执行。

九、包装储藏及运输

知母可采用麻袋、纤维编织袋或瓦楞纸盒包装，具体规格可按购货商要求而定。知母药材的包装规格为15千克/袋，在包装材料上，应注明品名、规格、产地、批号、包装日期、生产单位，并附有质量合格的标志。包装好的产品如不能马上出售，应置于室内干燥的地方贮藏，经常检查，以防吸潮发霉，同时还要注意防止鼠害。用于运输的工具或容器应具有较好的通气性，以保持干燥，并应有防潮措施，尽可能地缩短运输时间。同时不应与其他有毒、有害、易串味物质混装。

第四节　知母林药间作规范化操作规程

知母适应性很强，不仅在一般耕地生长较好，在一些林地生长也较好；为了提高复种指数，提高经济效益，可以在许多林下种植知母，如柿子树、板栗树、苹果树等；尤其是在幼树的情况下种植更好，即能解决光照的问题，知母生长又较好。

一、产区选择

植物药材的生产基地是药用植物的生存环境，应坚持因地制宜、合理布局的原则。生产基地的土壤、大气和灌溉水的质量，必须符合《中药材生产质量管理规范（GAP）》的有关质量标准。只有良好的生态环境，才能生产出优质的中药材产品，在基地选定时应注重以下生态环境条件。可选择的林地有：核桃树、法桐树、杨树、苹果树、桃树、板栗树、杏树、柿树、枣树等林果树，以幼树和有一定的株行距能适当采光地为好，一般树的行距在6～8m为好。

（1）气候条件　气候是影响药用植物生长的重要因素，对药材质量也具有重要影响。在诸多气象因素中，温度和降水因素对基地的选择具有更为重要的作用。在基地选择中，基地建设地区的平均温度、积温和最冷月、最热月温度以及无霜期等气候条件应与知母对温度的适应范围和要求相一致；基地的降水量、降水季节分布等条件应与所栽培药用植物对降水的适应范围和需求程度相一致；基地的光照条件要与所栽培植物对光照条件的要求相符合。知母喜温暖气候，亦能耐寒冷、耐干旱，喜阳光，应选向阳，光照充足的背风阳坡。

（2）土壤条件　选择地势平坦、灌溉方便、排水良好，含腐殖质较多、有机质含量较高的疏松肥沃的腐殖质壤土、砂质壤土为宜，知母对土壤酸碱度要求不是很严格，中性至微碱性土壤最适宜生长，忌选盐碱、重黏土低洼积水、易涝地块作为知母育苗地。

二、整地

育苗地于播种前一年秋季深翻晒土，秋耕深度不是越深越好，一般在30～35cm，以消灭越冬虫卵、病菌，杂草。如土壤墒情不足，应先灌水造墒然后再耙，使地平、土暄、上松下实，通过深耕细耙来改善土壤理化性状，整平后，做畦，畦长和畦宽因地而定，一般畦宽100～150cm，畦高15～20cm，育苗畦距离树约50cm在树的行间进行知母育苗。

三、直播

（1）选种　根据规范化生产要求，种子采购（采集）时首先应对其种或品种进行鉴定，明确种源，并由检疫部门进行害虫和病菌检疫，检疫合格的种子才能应用于生产。

作为播种材料的种子，必须在纯度、发芽率等方面符合种子质量要求。选择的种子要干净不含杂质，对于不符合纯度要求的种子于播种前需进行清选，去除种翅、种壳、叶子、土块、昆虫的卵及幼虫、空粒、腐坏粒以及严重损伤的种子，使纯净度不低于95%，将种粒饱满，大小均匀，无病虫害的种子进行发芽实验，检验发芽率，选择发芽率不低于95%、活力强、纯净饱满的种子进行育苗，为培育优质苗子打基础。发芽率低的种子不能作为播种材料，也不进行筛选工作。

（2）种子预处理　种子发芽要求的适宜温度较高，发芽早晚与当时气温高低有关。若此时平均气温13～15℃，25～30天开始萌动；若气温在18～20℃，14～16天才能萌发。通过种子预处理可提早发芽，将种子用60℃温水浸泡8～12小时，捞出晾干外皮，以促进酶活性，再与种子两倍量的湿砂拌匀，在向阳温暖处挖浅窝，将种子堆于窝内，上面覆土5～6cm，再用农膜覆盖，周围用土压好，待多数种子的胚芽刚刚打破种皮伸出时即可播入大田。

（3）播种时期　播种时期的正确与否关系到产量的高低、品质的优劣和病虫灾害的轻重。在春季4月初，气温为15～20℃时进行效果最佳。

（4）播种量　理论上知母播种量以0.5～1.0千克/亩为宜，但以育苗为目的的播种量一般为理论值的3倍，即1.5～3千克/亩。

（5）播种方式及其密度　畦播育苗适宜播种密度为1cm×1cm，在行距25cm进行条播育苗时，株距1cm，出苗最好。

（6）覆土厚度　覆土厚度根据药用植物特性及种子发芽能力来定，一般生产中的覆土厚度为种子直径的3倍，知母的覆土厚度为0.5～1.0cm。

（7）播种方法　畦播育苗将种子均匀撒入土壤，然后用2mm孔径的筛子进行筛土覆盖，筛土厚度为0.5～1.0cm。

条播育苗按行距25cm开1.5cm深的浅沟，把种子均匀撒入沟内，覆土，盖平，以不见种子为度，大风干旱天气，播种后要盖些碎草或草栅子，来遮阴、防热和保墒。

四、育苗移栽种植

育苗移栽种植于春季进行。采用上一年培育的种苗，在整好的土地上按行距25～30cm开沟，沟深5～6cm，按株距10～15cm进行栽植，覆土压紧，覆土深度以超过种苗原地面土2cm左右为宜。土壤干旱时栽后应灌一次透水。

五、田间管理

（1）间苗　种子繁殖出苗后，当苗高4～5cm时及时除苗，除去过密、瘦弱和有病虫的幼苗，选留生长健壮的苗株，大田直播间苗一般进行2～3次，间苗宜早不宜迟，可以结合松土除草同时进行，疏去过密和弱小的秧苗，留苗密度为定苗密度的1/2左右。

（2）补苗　播种后一般会发生出苗少、出苗不整齐，或出苗后遭受病虫害，造成缺苗，为保证苗齐、苗全，稳定及提高产量和质量，必须及时补种和补苗。一般补苗与间苗同时进行，即从间苗中选生长健壮的幼苗稍带土进行补栽，补苗最好选阴天后或晴天傍晚进行，并浇足定根水，保证成活。

（3）定苗　定苗在苗高5～6cm时进行，条播按株距4cm定苗，畦播育苗按株行距4cm×4cm定苗。

（4）中耕除草　中耕除草一般是在药用植物封行前选晴天土壤湿度不大时进行。除草以“除早，除小，除了”为原则，及时清除田间杂草，防止草“欺”知母幼苗，待苗高7～8cm时，进行一次中耕除草，知母根系分布于土壤表层，松土宜浅，一般是4～6cm，用锄浅浅的把草除掉即可。幼苗阶段杂草最易滋生，土壤也易板结，中耕除草次数宜多；成苗阶段，中耕除草次数宜少，以免损伤植株，生长期内要保持基地内疏松无杂草。天气干旱，土壤黏重，应多中耕，雨后或灌水后应及时中耕，避免土壤板结。大田育苗除草要以人工锄草和机械中耕除草相结合，早期宜人工拔锄杂草，苗木生长中后期结合施肥机械中耕除草，禁止使用各种化学除草剂。

（5）培土　结合中耕进行培土，秋末也要注意培土，秋末培土可在入冬前结合浇防冻水进行。

（6）灌溉　知母在每年的整个生长期内，水分的供应至关重要。生长期结合除草、施肥，于6月中旬和8月中旬各灌水1次，有利于氮、磷、钾的平衡吸收，如果在此期间降雨，土壤水量达到60%左右时，可以不进行灌溉，灌溉应在早晨或傍晚进行，切勿在阳光曝晒下进行。

（7）排水　知母等根茎类药材最容易发生涝害，在雨季降水量集中或在低洼育种地段，应该做好排水沟，及时排水，为种苗生长创造一个良好的环境。

（8）追肥　在6～8月旺盛生长之前，追施速效肥料是非常必要的，亩施尿素、过磷酸钙、硫酸钾分别为20kg、30kg、4.5kg时效果最佳，从肥料配比试验效果看来，按照N：P ：K为2：1：0.5的比例追施氮肥、磷肥、钾肥为好。

在氮、磷、钾肥料配施的前提下，7月份开始至8月底，知母进入生育旺盛期，每半个月喷施一次钾肥，每亩喷1%的硫酸钾溶液100kg或0.3%的磷酸二氢钾溶液100～120kg，隔12～15天喷1次，连喷2次，即根外追肥，在无风的下午4点以后喷施的效果最佳，喷肥后若遇雨天，应重喷1次。

六、病虫害防治

知母的抗病能力较强，一般不需要采用农药防治。主要害虫为蛴螬，危害幼苗及根茎，可以采用常规方法进行防治。无论是虫害还是病害，在必要的情况下可采用化学防治，均应根据中药材GAP的要求选择农药进行防治。

七、质量标准及检测

毛知母呈扁圆长条状，微弯曲，偶有分枝，长3～15cm，直径0.8～1.5cm。一端有浅黄色的茎叶残痕，习称“金包头”。表面黄棕色至棕色，上面有一凹沟，具紧密排列的环状节，节上密生黄棕色的残存叶基，下面略凸起，有纵皱纹及凹点状根痕或须根痕及残茎。质坚硬，易折断。断面黄白色，颗粒状。气微，味微甜略苦，嚼之带黏性。知母肉外皮大部分已除去，表面黄白色，有的残留少数毛须状叶茎及凹点状根痕。以条粗质硬断面色黄白者为佳。2015年版《中华人民共和国药典》规定，知母中药材的芒果苷含量不得少于0.70%，知母皂苷B-Ⅱ含量不得少于3.0%。

为保证药材质量的稳定有效，在采收至包装前必须按照中药材GAP有关规定进行检测，检测的指标应包括水分、总灰分、酸不溶灰分、浸出物、重金属和农药残留、有害微生物以及药用指标性成分等。具体检测方法参照2015年版《中华人民共和国药典》执行。

八、包装储藏及运输

知母可采用麻袋、纤维编织袋或瓦楞纸盒包装，具体规格可按购货商要求而定。知母药材的包装规格为15kg/袋，在包装材料上，应注明品名、规格、产地、批号、包装日期、生产单位，并附有质量合格的标志。包装好的产品如不能马上出售，应置于室内干燥的地方贮藏，经常检查，以防吸潮发霉，同时还要注意防止鼠害。用于运输的工具或容器应具有较好的通气性，以保持干燥，并应有防潮措施，尽可能地缩短运输时间。同时不应与其他有毒、有害、易串味物质混装。

第5章

知母药材质量评价

第一节　本草考证与道地沿革

知母为我国常用中药材，应用历史在2000年以上。对中药道地性历史沿革研究的主要素材是历代本草对中药道地性的描述。此外，史书中记载的各地的土产、土贡和特产，有关中药的内容也鉴于此，是研究古代资源及应用方面难得的珍贵资料。因此，为了更好地研究知母道地药材，本文拟考证本草文献和史书，追溯知母药材的用药历史和产地，对知母道地药材的形成因素进行梳理与考证，从历代本草文献中整理相关资料，从多个方面反映有关道地性的内容，以期能古为今用，为知母道地药材的研究提供科学依据和参考资料。

一、知母产地的文献考证

中医注重药材来源、产地以保证质量和疗效的历史源远流长。《本草蒙筌》曰：凡诸草木、昆虫，各有相宜地产。气味功力，自异寻常。谚云：一方风土养万民，是亦一方地土出方药也。《本草经集注》云：诸药所生，皆有境界。说明了用药需注意产地，道地药材一定和产地有关。不同的产地其生态环境也不尽相同，生态环境包括湿度、温度、海拔、土壤、光照、空气以生物之间的种群竞争等因素，是道地药材形成的重要外在因素，直接影响到道地药材的生长发育和其有效成分的形成和积累。

不同时期有关知母产区有不同的历史记载，较多的文献中记载的知母产地：生河内。河内在某些具体历史时期指代的区域不同。有文献认为河内为河南省武陟。另有文献记载河内是明代怀庆府下辖的河内县，即今河南省沁阳市。《周礼·职方氏》有言："河内日冀州。"《禹贡》以地理为径分当时天下为九州，以现在的地理划分来说，冀州应相当于今山西省和河北省的西部和北部，还有太行山南麓的河南省一部分区域。因此，历史上河内所指地区应包括为黄河以北地区而不仅局限于某一具体地点更为恰当。由本草学可知，唐代及宋代之前的知母产地主要在河北、山西、河南一带。江苏徐州也有分布。相州（今河北临漳县西，河南省安阳市北）产知母作为贡品。明朝，知母以河南汲县，陕西乾县，山西隰县为道地。清朝时期，文献记载知母的产地在河南。民国时期，河北东陵和西陵产的知母最为出名。如今，在河北、山西、山东、陕西、甘肃、内蒙古、辽宁、吉林和黑龙江等省都有分布，但是知母的主产区在河北，其中河北易县所产"西陵知母"最为道地。此外，通过考证二十六史，在宋代知母就已作为地方的贡品，可见当时在河北临漳县西，河南省安阳市北一带的知母资源丰富，辅证了河北和河南的一些区域在历史上特产知母药材，是当时著名的知母产地。

二、知母基原和原植物考证

中药的种类繁多以及各地用药习惯差异，常造成多来源、同名异物、同物异名的现象。因此，鉴定中药的原植物种类，以确保药材来源的准确尤为重要，药材品种的识别鉴定在传统上是依赖宏观的形态特征。

对知母道地药材基原的考证，从历代本草对知母形态的描述及其所附药图来看，古代所用知母存在异物同名的情况。经查阅《图经本草》及《重修政和经史证类备用本草》中所附威胜军知母、滁州知母、隰州知母、解州知母、卫州知母原植物图，可判定威胜军知母、滁州知母、解州知母非百合科知母属植物知母。《植物名实图考》中附有三幅知母原植物图，经考证其中两幅非百合科知母属知母。可见，在宋代开始知母就出现异物同名的现象。明朝有本草沿抄记载知母道地威胜军及解州、滁州产之实属有误，与今用知母并非同一物种。但是百合科知母属（Anemarrhena）是历代沿用品种。因此，就名称、原植物形态及其附图来看，今之百合科知母属知母*Anemarrhena asphodeloide* Bunge. 的根茎为正品。

三、知母道地药材性状和质量评述

道地药材是传统中医药行业评价药材质量的一种标准，限于当时的科学水平，古代的本草著作中除了强调知母道地药材的产地之外，对知母道地药材的质量评价主要通过眼观、手摸、口尝、鼻闻的感受来表达药材的感官特征。

古代医药学家历来就注重药材的质量，常以“为佳”“为好”“良”“次”等词评价药材质量，积累了许多从外形直观鉴别的经验，与此同时形成了“道地药材”的概念。根据古代本草文献记载：知母药材质量以条粗肥大、质硬、外皮色黄、断面色白为佳，作为当时的质量鉴别标准，也是知母道地药材的评价标准和知母道地药材的显著性状特征。其中河北易县所产品质最佳，称“西陵知母”。

四、知母道地药材采收加工方法考证

《千金翼方》论曰：夫药采取不知时节，不以阴干曝干，虽有药名，终无药实，故不依时采取，与朽木不殊，虚费人功，卒无裨益，其法虽具大经，学者寻觅，造次难得。是以甄别，即日可知耳。采收加工方法影响到中药材的质量，药材的临床疗效的发挥源于其中活性成分的积累，在我国的本草古籍中即已强调采收时间和加工的重要性。古代医家在实践中总结出了最佳的采药时间。产地加工技术也是道地药材形成的人为因素之一，几乎每一种道地药材都有其独特的产地加工方法。

人们在生产实践中根据药材的生长发育规律，积累了采收及加工经验，现代知母药材的采收加工技术与传统上古代本草记载的采收加工技术有相同之处，采收时节多在春秋两季采挖，去除须根、外皮、毛（黄褐色纤维）后晒干的产地加工方法。炮制品有盐知母。

五、知母的人工驯化栽培

《安国县志》记载：新中国成立后，党和政府非常重视中药材种植，药材生产得到长足发展。1956年药材种植纳入国家计划。县农场改为中药材种植试验场，积极引进栽培新品种，驯化野生品种，药材品种迅速增加。1958年增到70多个，1966年达160多个。1975年，安国试种的毛知母602亩，创亩产400kg高产，而且质地优良，试销香港颇受欢迎，1977年7月被定为知母生产基地。1983年在“全国出口商品生产基地、专厂建设成果展览”会上，安国的知母、知母肉获国家对外经济贸易部优质产品荣誉证书。也就是1975年前就在安国开始了人工引种驯化知母种植，以后逐渐发展成为规模化种植。

第二节　药用性状与鉴定

2015年版《中国药典》一部记载，知母为百合科植物知母*Anemarrhena asphodeloides* Bge. 的干燥根茎。春、秋二季采挖，除去须根和泥沙，晒干，习称“毛知母”；或除去外皮，晒干。

【性状】本品呈长条状，微弯曲，略扁，偶有分枝，长3～15cm，直径0.8～1.5cm，一端有浅黄色的茎叶残痕。表面黄棕色至棕色，上面有一凹沟，具紧密排列的环状节，节上密生黄棕色的残存叶基，由两侧向根茎上方生长；下面隆起而略皱缩，并有凹陷或突起的点状根痕。质硬，易折断，断面黄白色。气微，味微甜、略苦，嚼之带黏性。

【鉴别】（1）本品粉末黄白色。黏液细胞类圆形、椭圆形或梭形，直径53～247μm，胞腔内含草酸钙针晶束。草酸钙针晶成束或散在，长26～110μm。

（2）取本品粉末0.5g，加稀乙醇10ml，超声处理20分钟，取上清液作为供试品溶液。另取芒果苷对照品，加稀乙醇制成每1ml含0.5mg的溶液，作为对照品溶液。照薄层色谱法（通则0502）试验，吸取上述两种溶液各4μl，分别点于同一聚酰胺薄膜上，以乙醇-水（1∶1）为展开剂，展开，取出，晾干，置紫外光灯（365nm）下检视。供试品色谱中，在与对照品色谱相应的位置上，显相同颜色的荧光斑点。

（3）取本品粉末0.2g，加30%丙酮10ml，超声处理20分钟，取上清液作为供试品溶液。另取知母皂苷BⅡ对照品，加30%丙酮制成每1ml含1mg的溶液，作为对照品溶液。照薄层色谱法（通则0502）试验，吸取上述两种溶液各4μl，分别点于同一硅胶G薄层板上，以正丁醇-冰醋酸-水（4∶1∶5）的上层溶液为展开剂，展开，取出，晾干，喷以香草醛硫酸试液，在105℃加热至斑点显色清晰。供试品色谱中，在与对照品色谱相应的位置上，显相同颜色的斑点。

【检查】 水分 不得过12.0%（通则0832第二法）。

总灰分 不得过9.0%（通则2302）。

酸不溶性灰分 不得过4.0%（通则2302）。

【含量测定】 芒果苷 照高效液相色谱法（通则0512）测定。

色谱条件与系统适用性试验 以十八烷基硅烷键合硅胶为填充剂；以乙腈-0.2%冰醋酸水溶液（15：85）为流动相；检测波长为258nm。理论板数按芒果苷峰计算应不低于6000。

对照品溶液的制备 取芒果苷对照品适量，精密称定，加稀乙醇制成每1ml含50μg的溶液，即得。

供试品溶液的制备 取本品粉末（过三号筛）约0.1g。精密称定，置具塞锥形瓶中，精密加入稀乙醇25ml，称定重量，超声处理（功率400W，频率40kHz）30分钟，放冷，再称定重量，用稀乙醇补足减失的重量，摇匀，滤过，取续滤液，即得。

测定法 分别精密吸取对照品溶液和供试品溶液各10μl，注入液相色谱仪，测定，即得。

本品按干燥品计算，含芒果苷（$C_{19}H_{18}O_{11}$）不得少于0.70%。

知母皂苷BⅡ 照高效液相色谱法（通则0512）测定。

色谱条件与系统适用性试验 以辛烷基硅烷键合硅胶为填充剂；以乙腈—水（25∶75）为流动相；蒸发光散射检测器检测。理论板数按知母皂苷BⅡ峰计算应不低于10 000。

对照品溶液的制备 取知母皂苷BⅡ对照品适量，精密称定，加30%丙酮制成每1ml含0.50mg的溶液，即得。

供试品溶液的制备 取本品粉末（过三号筛）约0.15g，精密称定，置具塞锥形瓶中，精密加入30%丙酮25ml，称定重量，超声处理（功率400W，频率40kHz）30分钟，取出，放冷，再称定重量，用30%丙酮补足减失的重量，摇匀。滤过，取续滤液，即得。

测定法 分别精密吸取对照品溶液5μl、10μl，供试品溶液5～10μl，注入液相色谱仪，测定，用外标两点法对数方程计算，即得。

本品按干燥品计算，含知母皂苷BⅡ（$C_{45}H_{76}O_{19}$）不得少于3.0%。

饮片

【炮制】知母 除去杂质，洗净，润透，切厚片，干燥，去毛屑。

本品呈不规则类圆形的厚片。外表皮黄棕色或棕色，可见少量残存的黄棕色叶基纤维和凹陷或突起的点状根痕。切面黄白色至黄色。气微，味微甜、略苦，嚼之带黏性。

【检查】 酸不溶性灰分　同药材，不得过2.0%。

【含量测定】 同药材，含芒果苷（$C_{19}H_{18}O_{11}$）不得少于0.50%，含知母皂苷BⅡ（$C_{45}H_{76}O_{19}$）不得少于3.0%。

【鉴别】【检查】（水分　总灰分）同药材。

盐知母　取知母片，照盐水炙法（通则0213）炒干。

本品形如知母片，色黄或微带焦斑。味微咸。

【检查】 酸不溶性灰分　同药材，不得过2.0%。

【含量测定】 同药材，含芒果苷（$C_{19}H_{18}O_{11}$）不得少于0.40%，含知母皂苷BⅡ（$C_{45}H_{76}O_{19}$）不得少于2.0%。

【鉴别】【检查】（水分　总灰分）同药材。

【性味与归经】 苦、甘，寒。归肺、胃、肾经。

【功能与主治】 清热泻火，滋阴润燥。用于外感热病，高热烦渴，肺热燥咳，骨蒸潮热，内热消渴，肠燥便秘。

【用法与雳量】 6～12g。

【贮藏】 置通风干燥处，防潮。

第三节　质量评价

1. 来源

本品为百合科植物知母*Anemarrhena asphodeloides* Bunge 的干燥根茎。

2. 产地及采收加工

知母商品主要来源于野生。主要分布于东北、华北及西北部分省区，主产于河北易县、涞源、涞水、张北、赤城、阳原、邢台；山西五台、代县、晋城、寿阳、和顺、阳曲；内蒙古呼和浩特、牙克石、乌兰察布、阿荣旗、扎鲁特旗；黑龙江杜尔伯特、大庆、林甸、甘南、明水；吉林洮南、通榆、乾安、大安；辽宁朝阳、阜新、绥中、大连、沈阳等地。以河北易县、涞源（旧称广昌）为传统地道药材，被誉为“易县知母（西陵知母）”（毛知母），“广昌知母”（知母肉）。

多于春秋两季采收（生长3年以上者），挖后晒干或先烘烤至半干后再晾晒至干，即得毛知母；趁鲜刮净外皮后晒干，即为知母肉。

3. 商品源流及经验鉴别

毛知母呈长条状，微弯曲，略扁，少有分枝，长3～15cm，直径0.8～1.5cm。顶端有残留的浅黄色的叶痕及茎痕，习称“金包头”；上面有一凹沟，具紧密排列的环节，节上密生黄棕色的残存叶基，由两侧向根茎上主生长；下面较皱缩，并有凹陷或突起的点状根痕。质硬，断面黄白色。无臭，味微甘、略苦，嚼之带黏性。水浸有黏液。

知母肉表面黄白色，有扭曲的沟纹，有的可见叶痕及根痕。

4. 规格等级

传统标准：知母分为盖王知母（长12cm以上，直径1.5cm以上）、顶王知母（长9～12cm，直径1.2cm以上），王中王、大知母及知母肉等。

现行标准为下表所示。

表5-1 知母规格等级

毛知母	统货	干货，呈扁圆形，略弯曲，偶有分枝；体表上有一凹沟，具环状节，节上密生黄棕色或棕色毛；下面有须根痕；一端有浅黄色叶痕（俗称金包头），质坚实而柔润。断面黄白色，略显颗粒状。气特异，味微甘、略苦。长 6cm 以上，扁宽 0.6cm 以上，无杂质、虫蛀、霉变
知母肉	统货	干货。呈扁圆条形，去净外皮。表面黄白色或棕黄色。质坚。断面淡黄白色，颗粒状。气特异。味微甘、略苦。条短不分，扁宽 0.5cm 以上。无烂头、杂质、虫蛀、霉变

5. 优劣评价

知母商品中过去以毛知母为常见。均以条扁圆、粗长肥大、质坚柔润、断面色黄白为佳。

（1）商品规格　商品中因加工方法不同，有毛知母主知母肉之分。出口商品分三种：大知母（盖王），长12cm以上；中知母（顶王），长9～12cm；小知母，长6～9cm。

（2）性状　①毛知母　为带皮的干燥根茎，呈扁圆柱形，微弯曲，一端较粗，一端较细，偶有2～3分歧，长3～17cm，直径0.8～2cm。根头部有浅黄色的叶痕及茎痕残留，俗称“金包头”；上面中央有一道下陷的纵沟，具紧密排列的环状节，节上密生金黄色扁平的绒毛，由两侧向根茎上方集中；另一面较皱缩，并有多数凹陷或突起的小圆点状根痕，黄绒毛少或无。质硬，易折断，断面黄白色，平坦。无臭，味甘而苦，带黏性。以肥大、质硬、表面被金黄色绒毛、断面黄白色者为佳。瘦长、形扁、外毛灰黑、内色暗者为质次。

②光知母　又名：知母肉。为去皮的干燥根茎。较毛知母瘦小，长3～13cm，直径约1cm。表面黄白色或淡黄棕色，有扭曲的纵沟，一侧可见多数不规则散在的小形根痕。质硬，易折断，断面白色或黄白色，有的显筋脉点，水浸后有黏液。气味同毛知母。以肥大、滋润、质硬、色黄白、嚼之发黏者为佳。

第四节　知母的市场及产销情况

一、知母概况

知母有家种和野生两种，野生主产于东北三省、陕西和内蒙古地区，产量已经不大，现市场流通货源多以家种为主，主要产区以安国及周边博野县为传统此品种植和亳州为主。知母为常用中药材，管理较为简单，近年来，亳州也发展成为新产区，但受加工方式存在差异的影响，安国的知母片大，色好，含量高，深受企业和采购商的青睐，价格也一直高于亳州知母的价格。

知母一般生长期在3～4年，价格高时一般在2～3年也可以提前采挖。知母收获季节在春秋两季，春季采挖在解冻后发芽前，秋季采挖在地上茎叶枯黄后至上冻前。栽培知母亩产量平均在400kg。

二、知母历史价格走势

知母生产周期长，用种子繁殖一般需3～4年，由于野生资源少，自20世纪90年代初知母出现过高峰，价格由2元/千克涨到10元上下，最高每千克达到了15元，这是一次价格高峰；也引导当时的安国开创了知母野生变家种的先河，并陆续亳州开始引种，产出质量上乘，面积逐渐得到发展。1991～1993年这几年产出的知母市场得不到消化、生产过剩，价格2～3元/千克从而进入了低价期。一个低价期往往是3～4年，低谷期时无跟进种植，库存断档又开始形成了高价期，周而复始。第二次是1995～1998年价格由6元/千克涨到15元上下。到1999年知母的市场高价行情又回到了每千克15.5元。知母由于用量不大，高价时期中农民大面积种植，导致2000～2005年五年的持续低价，最低时则不足2元；2005年产新后市场上货量明显减少，价格开始回升，至年底突破10元，年内涨幅超过100%，由于，药贱伤农，才致使2005～2006年下种面积减少，农户又减少了育苗量。一些药商看准商机，进行了恶意囤积使知母才出现了历史高价，最高卖到20元左右，但好景不长，2009年随着行情的调整又回归到16～17元，一直到2011年知母新货产新前，知母价格一直维持在10元以上。历史高价的辉煌，又加上药材市场熊市的整体发挥，使安国、亳州两大产区农民看到了种植知母的收益，种植积极性得到了空前提高，生产区面积得到迅速恢复，致使2008～2009年大面积的扩种，因为知母生长周期需2～3年，所以2011～2012年知母必将丰收。第三次是2004～2010年价格由3元/千克上涨到21元上下。知母三次的行情波动，反映了产区的生产结构、市场行情和经营状况以及社会的整体需求都有了显著的变化。知母的生产过剩，市场显现萧条，价格明显下挫。

2012～2014年因知母行情不高，且种植面积减少，有药商关注收购，但毛知母的行情并未有实质性的突破，2014年11月安国统片12.5～14元/千克，行情平稳运行。从2016年春毛知母行情从统货12元的价格开始上涨，至2016年底上涨至18元，年后继续延续上涨之势，目前安国毛知母的价格稳定在21～22元/千克，正值毛知母的批量加工期，随着新货上市量增加，可能会对行情的上涨有所影响。

毛知母2016年秋苗烂市，种植面积缩减，产量也明显减少，2017年春季产新，上市量也不会对目前的价格有明显的冲击，连续几年的消耗，加之陈货库存已基本消耗，从价格来看毛知母价位来看，依然有上升空间，随着需求季节的到来，未来毛知母仍有继续上涨的趋势。

市场关注度不断提高，近期货源走销小批量有所加快，因市场待售库存显紧，多商惜售心理加强，行情稳步走坚；现市场安徽毛知母价格在14.5～16.5元/千克，河北毛知母价格在18.5～23.5元/千克，安徽知母片价格在18～22元/千克，河北知母肉价格在26～32元/千克。

2017年，市场有少量商家寻货，时有小批量货源成交，货源走动缓慢，现市场安徽知母无硫统片售价在18～22元/千克，河北知母肉售价在26～33元/千克。从知母历史行情来看，2018年是知母的上升周期，预计会刺激种植规模扩大。

三、知母种植成本

知母是有性繁殖类药材，也就是用种子播种育苗到收获药材，理论上3～4年一个周期，因为知母是多年生草本植物，在地里多长一年不仅粉性足而且含量高。农民种植中药材如赶上好行情确实比种植其他农作物强；如果赶不上好行情那就得大赔本。农民知母育苗种植村基本每家都种，家家都有几亩地，育上一亩地的知母苗子，一年后再分栽其他地块，栽不完拉到街上卖。以2009～2010年这两年为例：知母育苗种植户赶上了好行市，一亩地所产知母秧苗，都卖万元以上，去掉成本可赚7000～8000元。2010～2011年种植知母，生产资料总成本却没有缩水，秧苗虽然都是高价种植的，不难看出农民种植知母效益并没有低于成本价，而且还有微利剩余。

四、知母库存量

2008年的高价，使知母这两年迅速扩种，产大于销是毫无疑问的，况且前两年部分药商高价囤积的知母随着药材市场行情的整体回归，大部分都被套牢，低价不卖，库存量又是有的，加之，现在农民种植药材也是“短、平、快”，知母理论上3～4年一个周期，苗栽一年就收获，产量和二年的相差无几，但含量是有分晓的。基于以上原因，知母价格并未触底，2011～2012年知母产量将成饱和状态。2013～2014年毛知母产新后，新货价格回落，而且药商收购不积极，鲜货交易价2.5～2.7元/千克，饮片新货交易价13～14元/千克，毛知母价格已经进入低价区域，且2014年是毛知母产量最小的一年，后市行情有发生转折的可能。

知母库存成拖累：知母一般育秧一年，移栽两年后采收，2010年知母价位偏高，刺激药农种植积极性增加，种植的滞后性导致2011～2012年知母的产量偏大。受行情回调的影响，2012～2013年知母价格和秧苗的销售情况不理想，一度无人问津，安国产区缩减种植是可想而知的。受需求不旺的影响，行情不理想，鲜货价格2.5～2.7元/千克，下乡包地收购的药商都是1000～1200元/亩，药农的收入还不及种植粮食作物。安国的陈货库存在800吨左右，亳州的库存略多于安国的库存，受此影响知母行情一直低价位运行。

五、后市行情

知母的价格经过两年来的下降，一年的震荡，受生产成本的制约，知母的行情很难在继续下降。后市经过新货产量的递减和库存的逐步消化，随着时间的推移，知母的行情有望产生新的一波上升行情。

第五节　知母炮制工艺

对于知母的炮制、加工，历史上记载知母的炮制方法有“煨令微黄”、炒、酒炒、盐水炒和盐酒拌炒等炮制方法，并有“引经上颈，酒炒才升；益肾滋阴，盐炒便入”和“补药盐水或蜜水蒸或炒”的记述。现行主要有盐炙、酒炒、麸炒等炮制方法。《中国药典》载有知母、盐知母。知母在产地加工中一般要进行去须根和去皮操作（药典上规定或去皮），去须根和去皮操作最好在产地趁鲜进行，有研究表明知母去皮加工，使药材中芒果苷含量相对降低，知母皮在实验浓度下对大肠杆菌和金黄色葡萄球菌的抑制作用强于知母肉。目前临床上应用的知母品种有生品、盐炙品、酒炙品，不同的辅料的应用使知母具有不同的疗效，生品知母苦寒，具有清热泻火、生津润燥的功能。泻肺、胃之火尤宜生用。知母盐炙可引药下行，专入肾经，增强滋阴降火的作用，善清虚热。知母酒炙后可引药上行，清上焦热。

一、知母传统炮制工艺

相资为制，是指用药性相似的辅料或某种炮制方法来增强药效。资，有资助的意思。如用咸寒的盐水炮制苦寒的知母、黄柏，可增强滋阴降火的作用。

传统炮制工艺主要有以下几种：

1. 炒知母

知母片用文火炒至微黄色为度（同麸炒），炒后折其寒性，泻火力稍缓，麸炒者取其和胃，防知母滑泄太过而伤胃气。

2. 盐炒知母

取知母片，用盐水拌匀或喷洒均匀，焖透，置锅内文火炒干，取出，放凉。每100kg知母片，用盐2kg。注意：因知母含黏液质不宜先与盐水拌润，因这类药物遇水容易发黏，盐水不易渗入，炒时又容易黏锅，所以先炒使质地疏松，再喷盐水，以利于盐水渗入。

3. 酒炒知母

取黄酒喷淋知母片内，拌匀，稍润，用文火炒至变黄色，取出晾干。每10kg知母，用黄酒1～2kg。使知母偏入上焦肺经，善清肺经而泄火。

4. 麸炒知母

将锅烧热，撒入麸皮，待烟起时，取净知母片倒入锅内，炒至微黄，取出，筛去麸皮，晾凉。每100kg知母片，用麸皮10kg。

5. 蜜炙知母

将蜜置锅内，加热至徐徐沸腾后，改用文火，保持微沸，并除出泡沫及上浮蜡质，然后用罗筛或纱布滤去死蜂、杂质，再在倾入锅内，加热到

116～118℃，满锅起鱼眼泡，用手捻之有黏性，两手间尚无长白丝出现时，迅速出锅。炼蜜的含水量控制在10%～13%为宜。

操作要点：炼蜜时，火候不宜太大，以免溢出锅外或焦化，此外，若蜂蜜过于浓稠，可加适量开水稀释。药物拌蜜后宜闷润，使蜜汁逐步渗入药内，其成品质量较佳；蜜炙药物所用的炼蜜不宜过多过老，否则黏性太强，不易与药物拌匀；炼蜜有开水稀释时，要严格控制水量（约为炼蜜量的1/3～1/2），以蜜汁能与药物拌匀而又无剩余的蜜液为宜。若加水量过多，则药物过湿，不易炒干，成品容易发霉；蜜炙时，火力一定要小，以免焦化，炙的时间可稍长，要尽量将水分除去，避免发霉。

蜜炙：将知母片放入烧热的锅内，炒至微黄，喷撒蜜水，炒至不发黏时，既可出锅，放凉，放在阴凉处贮存。既可缓其凉性，制其苦燥，又可兼补中土。

二、知母炮制工艺现代研究

中药饮片加工炮制是我国独特的一门传统制药技术，有着悠久的历史，它对保证人民用药安全有效起着相当重要的作用。开展知母炮制工艺规范化的研究，对知母饮片不同的炮制方法进行了比较和筛选优化，确定工艺技术参数，制定符合质量标准和最佳的加工炮制工艺规范，才能得到较优质的炮制品。

1. 知母的炒制

有关科研人员对易县西陵知母炒制试验研究表明：知母中芒果苷的含量随着炒制温度的变化而变化，开始时变化较快，后来随着炒制温度的升高，其中芒果苷的含量也在升高，但是升高的幅度变小，逐渐趋于平稳，推断可能是随着炒制温度的升高，知母中的新芒果苷结构被破坏，逐渐转化为芒果苷所致。研究结果表明，在180℃条件下炒制20分钟，所得到知母片中，芒果苷含量较高，且比较经济，所以，固定炒制温度为180℃，炒制时间为20分钟。

2. 知母盐制炮制工艺

通过对知母皂苷含量的检测，采用正交优选法对知母水处理工艺、盐制工艺、酒炙工艺进行优选，用方差分析法制定知母规范化的加工炮制工艺，实现知母饮片炮制工艺的标准化。

研究认为盐溶液用量、盐浓度、炒制温度和炒制时间均为知母中有效成分的影响因素，将药材用量定为100g，药材用盐水拌匀闷润，以盐溶液用量、盐浓度、炒制温度和炒制时间为考察因素，制定大分子控制指标（知母总多糖）、小分子控制指标（知母皂苷B-Ⅱ和芒果苷）成分的含量为指标，对盐制知母的最佳炮制工艺进行优选；评价指标分析结论：盐用量2.0%，焖制1小时后，在180℃炒制12分钟为知母皂苷B-Ⅱ为指标时的最佳盐制方案；此时测得其中知母皂苷B-Ⅱ含量为6.24%，与生知母片中的6.43%相比，略有降低。

对芒果苷含量的影响试验得出的最佳炮制条件组合为：盐用量2.5%，焖制时间1.5小时，炒制温度170℃，炒制时间12分钟，此时所得炮制品中芒果苷含量为1.51%，较生知母片中的1.44%有所提高，有文献报道，知母中的新芒果苷在加热等方式处理后，7位糖苷键（Glu-O）断裂，使得一部分新芒果苷转化为芒果苷，这可能是盐炙后知母中芒果苷含量提高的原因之一。近年来研究发现芒果苷能下调hSGLT1-CHO-K1和hSGLT2-CHO-K1细胞SGLT1和SGLT2蛋白的表达量，减少肾对于糖的重吸收，促进肾糖的排泄，从而达到治疗糖尿病的效果，有研究结果表明，知母经盐炙后降血糖作用增强，而本实验的结果，从另一方面解释了中药炮制前后成分变化与药理作用变化之间的相关性。

3. 知母酒制法工艺

研究人员观察酒知母在炮制过程中各因素（黄酒用量、焖制时间、炒制温度和炒制时间）对知母中知母皂苷B-Ⅱ和芒果苷的含量的影响。以知母皂苷B-Ⅱ和芒果苷的含量为指标，对酒制知母的最佳炮制工艺进行了优选。

知母酒制工艺条件优化的研究认为黄酒用量、炒制温度、炒制时间和焖制时间均为知母中有效成分的影响因素，将药材用量定为100g，药材用黄酒拌匀闷润，以黄酒用量、焖制时间、炒制温度和炒制时间为考察因素，制定了大分子控制指标（知母总多糖）、小分子控制指标（知母皂苷B-Ⅱ和芒果苷）成分的含量为指标，对酒制知母的最佳炮制工艺进行优选，结果得到知母皂苷B-Ⅱ

最佳提取方案为酒用量15%，焖制1.5小时后，在160℃炒制25分钟；芒果苷最佳提取方案为酒用量25%，焖制时间1.5小时，炒制温度130℃，炒制时间25分钟。

4. 知母饮片质量标准

参考《中国药典》提取物的相关标准，研究建立了知母饮片感官要求、理化指标、卫生指标等检验规范，确定了饮片的质量标准。

（1）白知母片　外观性状为不规则圆形厚片或条状片，外表皮黄棕色或棕色，可见少量残存的黄棕色叶基纤维和凹陷或突起的点状根痕，切面黄白色至黄色，气微，味微甜、略苦，嚼之带黏性。水分≤12.0%，灰分≤9.0%，酸不溶性灰分≤2.0%，芒果苷≤0.5%，知母皂苷B-Ⅱ≤3.0%。

（2）盐知母片　外观形如知母片，色泽加深呈黄色或略微带焦斑，味微咸。水分≤12.0%，灰分≤9.0%，酸不溶性灰分≤2.0%，芒果苷≤0.4%，知母皂苷B-Ⅱ≤2.0%；酒知母片外观形如知母片，色泽加深呈黄色或黄褐色，味微香略带酒气。水分≤12.0%，灰分≤9.0%，酸不溶性灰分≤2.0%，芒果苷≤0.4%，知母皂苷B-Ⅱ≤2.0%。

5. 知母饮片农药残留限量标准

参考国内外中药材中农药残留限量标准制定情况，结合知母药材中农药残留量监测结果，制定知母饮片农药残留限量标准为：六六六≤0.2mg/kg，滴滴涕≤0.2mg/kg，五氯硝基苯≤0.1mg/kg。

通过多批次样品的检测及数据分析，设定合理的重金属及有害元素限量为：重金属总量≤20mg/kg，铅≤5mg/kg，镉≤0.3mg/kg，砷≤2mg/kg，汞≤0.2mg/kg，铜≤20mg/kg。

第6章

知母现代研究与应用

第一节　化学成分

一、知母的化学成分

根茎含知母皂苷（timosaponin）A-Ⅰ、A-Ⅱ、A-Ⅲ、A-Ⅳ、B-Ⅰ、B-Ⅱ，知母皂苷A-Ⅱ、A-Ⅳ结构尚不明，知母皂苷A-Ⅲ即是知母皂苷（zhimrsaponin）A，又是知母皂苷（anemarsaponin）AⅠ，知母皂苷B-Ⅱ即是原知母皂苷A-Ⅲ（prototimosaponinA-Ⅲ），还含知母皂苷（amemarsaponin）A2即马尔考皂苷元-3-*O*-*β*-D-吡喃葡萄糖基（1→2）-*β*-D-吡喃半乳糖苷B［marlogenin-3-*O*-*β*-D-glucopyranosy（1→2）-*β*-D-galactopyranoside B］，去半乳糖替告皂苷（desgalactotigonin），F-芰脱皂苷（F-gitonin），伪原知母皂苷A-Ⅲ（pseudoprototimosaponinA-Ⅲ），异菝葜皂苷（smilageninoside）。

根茎另含知母多糖（anemaran）A、B、C、D，顺-扁柏树脂酚（cis-hinokiresinol），单甲基-顺-扁柏树脂酚（monomethyl-cis-hinokiresinol），氧化-顺-扁柏树脂酚（oxy-cis-himokiresinol），2,6,4′-三羟基-4-甲氧基二苯甲酮（2,6,4′-trihydroxy-4-methoxy benzophenone），对-羟苯基巴豆油酸（p-hydroxyphenyl crotonic acid），二十五烷酸乙烯脂（pentacosyl vinyl ester），β-谷甾醇（β-sitosterol），杧果苷（mangiferin），烟酸（nicotinic acid），烟酰

胺（nicotinamide）及泛酸（pantothenic acid）。

二、不同产地知母的化学成分

知母药材的化学成分主要是皂苷类和黄酮类成分。对全国主要产区的知母药材进行研究发现，河北易县、陕西定边、山西绛县、河北涿鹿、北京松山5个产地的药材不仅菝葜皂苷元含量高，含量都大于1%，而且药材产量大，这五个产地的药材中新芒果苷和芒果苷平均总含量分别是2.21%、2.63%、2.08%、1.92%、2.94%，河北涿鹿的知母药材菝葜皂苷元含量最高，但黄酮类成分和多糖类成分较少；北京松山所产知母菝葜皂苷元含量较高，但多糖类成分较少，产量低。道地产区易县知母主要成分含量为：菝葜皂苷元1.79%，新芒果苷1.66%，芒果苷0.55%，多糖15.3%，与山西绛县、陕西定边、内蒙古通辽基本一致，而易县知母产量较高，是优良的种质类型。

第二节 药理作用

知母别名：蚳母、连母、野蓼、地参、水参、水浚、货母、蝭母、芪母、提母、女雷、女理、鹿列、韭逢、儿踵草、东根、苦心、儿草、水须、昌支、蒜瓣子草、兔子油草、山韭菜、羊胡子根、穿地龙、虾草、马马草、淮知母。

药材基原为百合科植物知母的根茎。

知母药理作用总结如下：

1. **抗病原微生物作用**

知母在体外对痢疾杆菌、伤寒杆菌、副伤寒杆菌、霍乱弧菌、大肠杆菌、变形杆菌、绿脓杆菌等革兰阴性菌及葡萄球菌、溶血性链球菌、肺炎双球菌、百日咳杆菌等革兰阳性菌均有较强抗菌作用。用含2.5%知母粉的饲料喂饲实验性结核病小鼠，能使其肺部结核病灶减轻。知母对某些常见的致病性皮肤癣菌如许兰癣菌及其蒙古变种、共心性毛癣菌、堇色毛癣菌、红色毛癣菌、絮状表皮癣菌、铁锈色毛癣菌、足跖毛癣菌、趾间毛癣菌和犬小芽孢菌等在沙伯培养基上表现较强的抗菌作用。从知母中提得的一种水溶性皂苷，对结核杆菌，尤其对白色念珠菌有较强的抑制作用，另一种黄酮结晶，亦有抑制结核杆菌作用。

2. **抑制Na^+，K^+-ATP酶活性**

体外实验证明，知母皂苷元（菝葜皂苷元）是Na^+-K^+-ATP酶抑制剂，对提纯的兔肾Na^+，K^+-ATP酶有极明显的抑制作用，其活性同专一性Na^+，K^+-ATP酶抑制剂乌本苷相比，两者在2×10^{-5}mol/L时抑制程度相近。以甲状腺素速诱导小鼠肝脏Na^+，K^+-ATP酶增量，知母皂苷和皂苷元可使这些小鼠肝脏切片的过高耗氧率抑制到接近正常小鼠的水平；对正常小鼠肝切片的耗氧率虽有降低趋势，但无统计意义。大鼠整体实验也表明，知母皂苷元25mg/只灌胃可抑制因同时灌胃甲状腺素引起的肝、肾和小肠黏膜中Na^+，K^+-ATP酶活性升高。

3. 对交感-肾上腺功能的影响

以50%知母水煎剂给大鼠灌胃，每日4ml，连续3周，可使肾上腺内多巴胺-β-羟化酶活性明显降低，提示儿茶酚胺合成减少，与此同时，肾上腺重量较生理盐水对照组明显减轻，心率逐周降低，至第3周明显低于给药前。此外，按人体常用剂量5倍给家兔灌胃，连续5天，对正常动物血浆皮质酮水平未见明显影响，但可拮抗外源性皮质激素制剂地塞米松引起的反馈性血浆皮质酮水平降低。进一步研究证明，其机制之一是知母抑制了肝脏对皮质醇的分解代谢。

4. 降血糖作用

以知母200mg/kg水制浸膏给正常家兔灌胃，血糖可下降达18%～30%，持续6小时以上；以知母每天500mg/kg生药的水制浸膏给四氧嘧啶糖尿病家兔灌胃，连续4天，也出现明显的降血糖作用，并可减轻胰岛萎缩。给四氧嘧啶糖尿病小鼠腹腔注射知母水浸膏150mg/kg（生药量）也可见血糖明显下降。知母并可促进大鼠横膈和脂肪组织摄取葡萄糖，并使横膈内糖原含量增加，但肝内糖原量却减少，尿中酮体含量减少。从知母根茎中分离得到的知母聚糖A、B、C、D有降血糖作用，其中知母聚糖B的活性最强。

5. 解热作用

对知母是否具有解热作用的报道不一。有报道知母对大肠杆菌引起的发热家兔有解热作用，但也有报道白虎汤在去掉石膏后的知母、甘草煎剂灌胃给药对实验性发热家兔未见明显退热作用。知母根茎中的皂苷具有明显降低由甲状腺素造成的耗氧率增高及抑制Na^+，K^+-ATP酸活性的作用，其中总皂苷对Na^+，K^+-ATP酶的抑制率达59.8%，其半琥珀酸衍生物抑制率为89.8%，故认为与其清热泻火的功效有关。

6. 抗肿瘤作用

知母皂苷对人肝癌移植裸大鼠有抑制肿瘤生长作用，使生存期延长，但统计无显著差异。另对治疗皮肤鳞癌、宫颈癌等有较好疗效且无副作用。

7. 其他作用

知母果苷有明显的利胆作用和抑制血小板聚集作用。知母中的烟酸有维持皮肤与神经健康及促进消化道功能的作用。知母提取物对逆转录酶和各种脱氧核糖核酸聚合酶活性有抑制作用。知母菝葜皂苷元和知母水煎剂均能明显降低高甲状腺激素状态小鼠脑β受体RT值，但对亲和力无影响，还能显著改善该状态小鼠的体重下降。

第三节　知母的应用

千百年来，知母主要以原药材形式进行流通。知母饮片应用历史悠久，目前仍为中医药大量使用的初级药品形式。知母浸膏是近代开发出的原料药产品，大量应用于中药及保健品等相关领域。

一、知母的中医学应用

（一）功能主治

滋阴降火，润燥滑肠。治烦热消渴，骨蒸劳热，肺热咳嗽，大便燥结，小便不利。

用于温热病，邪热亢盛、壮热、烦渴、脉洪大等肺胃实热证。知母有清热泻火除烦的作用。与石膏配伍有协同之效，如白虎汤。

用于肺热咳嗽或阴虚燥咳、痰稠等证。本品有清泻肺火，滋阴润肺之效，常与贝母同用以清肺化痰止咳，即二母散。

用于阴虚火旺，肺肾亏所致的骨节蒸潮热、盗汗、心烦等症。知母有滋阴降火的作用。常同黄柏相须为用，配入养阴药中，如知柏地黄丸。

用于阴虚消渴，症见口渴、饮多、尿多者。本品有滋阴润澡、生津止渴功效。同天花粉、五味子等配合使用可增强疗效，如玉液汤。

用于高热烦渴，常配生石膏。

用于肺热咳嗽，常配贝母。

用于阴虚之发热、盗汗，常配黄柏、地黄。

《本经》："主消渴热中，除邪气肢体浮肿，下水，补不足，益气。"

《别录》："疗伤寒久疟烦热，胁下邪气，膈中恶及风汗内疸。"

《日华子本草》："通小肠，消痰止嗽，润心肺，补虚乏，安心止惊悸。"

《纲目》："安胎，止子烦，辟射工溪毒。"

《本草求原》："治嗽血，喘，淋，口病，尿血，呃逆，盗汗，遗精，痹痿，瘛疭。"

（二）用法用量

内服：煎汤，2～5钱；或入丸、散。

（三）附方

（1）治伤寒邪热内盛，齿牙干燥，烦渴引饮，目昧唇焦：知母五钱，石膏三钱，麦门冬二钱，甘草一钱，人参八钱。水煎服。（《伤寒蕴要》）

（2）治温疟壮热，不能食：知母、鳖甲（炙），地骨皮各三两，常山二两，竹叶（切）一升，石膏四两（碎）。上六味切，以水七升，煮取二升五合，去滓，分三服。忌蒜、猪肉、苋菜、生葱、生菜。（《延年方》知母鳖甲汤）

（3）治火冲眩晕，暴发倒扑，昏不知人，甚则遗尿不觉，少顷汗出而轻，仍如平人，右关脉细數，脾阴不足者：知母、黄柏、黄芪、当归身。水煎服。（《症因脉治》知柏补血汤）

（4）治消渴：生山药一两，生黄芪五钱，知母六钱，生鸡内金（捣细）二钱，葛根钱半，五味子三钱，天花粉三钱。水煎服。（《医学衷中参西录》玉液汤）

（5）治气虚劳伤，面黄肌瘦，气怯神离，动作倦怠，上半日咳嗽烦热，下午身凉气爽，脉数有热者：知母三钱，黄柏三钱，人参二钱，麦冬五钱，广皮一钱，甘草五分。水煎服。（《症因脉治》知柏参冬饮）

（6）治肺劳实热，面目苦肿，咳嗽喘急，烦热颊赤，骨节多痛，乍寒乍热：知母、贝母（去心膜）、杏仁（去皮尖，炒）、甜葶苈（略炒）、半夏（汤泡七次）、秦艽（去芦）、橘红各一两，甘草（炙）半两。上细切，每服四钱，水一盏半，姜五片，煎至八分，去滓温服，不拘时候。（《济生方》二母汤）

（7）治肺家受燥，咳嗽气逆：知母、石膏、桔梗、甘草、地骨皮。水煎服。（《症因脉治》知母甘桔汤）

（8）治妊娠子烦，因服药致胎气不安，烦不得卧者：知母一两，洗焙为末，枣肉丸弹子大。每服一丸，人参汤下。医者不识此病，作虚烦治，反损胎气。（《产乳集验方》）

（四）各家论述

（1）李杲："知母，其用有四：泻无根之肾火，疗有汗之骨蒸，止虚劳之热，滋化源之阴。仲景用此入白虎汤治不得眠者，烦躁也。烦出于肺，躁出于肾，君以石膏，佐以知母之苦寒，以清肾之源，缓以甘草、粳米，使不速下也。又凡病小便闷塞而渴者，热在上焦气分，肺中伏热，不能生水，膀胱绝其化源，宜用气薄味薄淡渗之药，以泻肺火，清肺金而滋水之化源。若热在下焦血分而不渴者，乃真水不足，膀胱干涸，乃无阴则阳无以化，法当用黄柏、知母大苦大寒之药，以补肾与膀胱，使阴气行而阳自化，小便自通。"

（2）《本草通玄》："知母苦寒，气味俱厚，沉而下降，为肾经本药。兼能清肺者，为其肃清龙雷，勿使僭上，则手太阴无销烁之虞也。泻有余之相火，理消渴之烦蒸，凡止咳安胎，莫非清火之用。多服令人泄泻，亦令人减食，此惟实火燔灼者，方可暂用。若施之于虚损之人，如水益深矣。盖苦寒之味，行天地肃杀之令，非长养万物者也。"

（3）《本草正》："古书言知母佐黄柏滋阴降火，有金水相生之义。盖谓黄柏能制膀胱，命门阴中之火，知母能消肺金，制肾水化源之火，去火可以保阴，是即所谓滋阴也。故洁古、东垣皆以为滋阴降火之要药。继自丹溪而后，则皆用以为补阴，诚大谬矣。夫知母以沉寒之性，本无生气，用以清火则可，用以补阴，则何补之有？"

（4）《重庆堂随笔》："知母，清肺胃气分之热，则津液不耗而阴自潜滋暗长矣。然仲圣云，胃气生热，其阳则绝。盖胃热太盛，则阴不足以和阳，津液渐干，而成枯燥不能杀谷之病，其阳则绝者，即津液涸竭也，清其热，俾阳不绝，则救津液之药，虽谓之补阳也可。乃后人以为寒凉之品，非胃家所喜，谆谆戒勿轻用，辄从事于香燥温补之药者何哉！"

（5）《本经疏证》："知母能益阴清热止渴，人所共知，其能下水，则以古人用者甚罕，后学多不明其故。……《千金》《外台》两书用知母治水气各一方。《千金》曰，有人患水肿腹大，其坚如石，四肢细，少劳苦足胫即肿，少饮食便气急，此终身之疾，服利下药不瘥者，宜服此药，微除风湿，利小便，消水谷，岁久服之，乃可得力，瘥后可常服。其所用药，则加知母于五苓散中，更增鬼箭羽、丹参、独活、秦艽、海藻也。《外台》曰，《古今录验》泽漆汤，疗寒热当风，饮多暴肿，身如吹，脉浮数者。其所用药，则泽泻、知母、海藻、茯苓、丹参、秦艽、防己、猪苓、大黄、通草、木香也。其曰，除风湿，利小便，曰疗寒热当风，饮多暴肿。可见《本经》所著下水之效，见于除肢体浮肿，而知母所治之肢体浮肿，乃邪气肢体浮肿，非泛常肢体浮肿比矣。正以寒热外盛，邪火内著，渴而引饮，火气不能化水，水遂泛滥四射，治以知母，是泄其火，使不作渴引饮，水遂无继，蓄者旋消，由此言之，仍是治渴，非治水也。于此，见凡肿在一处，他处反消瘦者，多是邪气勾留，水火相阻之候，不特

《千金方》水肿腹大四肢细，即《金匮要略》中桂枝芍药知母汤，治身体尪羸，脚肿如脱，亦其一也。《金匮方》邪气水火交阻于下，《千金方》邪气水火交阻于中，阻于下者，非发散不为功，阻于中者，非渗利何由泄，此《千金方》所以用五苓散，《金匮方》所以用麻黄、附子、防风，然其本质均为水火交阻，故共用桂、术、知母则同也，桂、术治水之阻，知母治火之阻，于此遂可见矣。"

（6）《医学衷中参西录》："知母原不甚寒，亦不甚苦，尝以之与黄芪等分并用，则分毫不觉凉热，其性非大寒可知。又以知母一两加甘草二钱煮饮之，即甘胜于苦，其味非大苦可知。寒、苦皆非甚大，而又多液，是以能滋阴也。有谓知母但能退热，不能滋阴者，犹浅之乎视知母也。是以愚治热实脉数之证，必用知母，若用黄芪补气之方，恐共有热不受者，亦恒辅以知母。"

（7）《本草正义》："知母寒润，止治实火，泻肺以泄壅热，肺痈燥咳宜之，而虚热咳嗽大忌。清胃以救津液，消中瘅热宜之，而脾气不旺亦忌。通膀胱水道，疗淋浊初起之结热，伐相火之邪，主强阳不痿之标剂。热病之在阳明，烦渴大汗，脉洪里热，佐石膏以扫炎熇；疟证之在太阴，湿浊熏蒸，汗多热甚，佐草果以泄脾热。统详主治，不外实热有余四字之范围。"

现代中药中许多治疗糖尿病处方中多含有知母，以知母作为原料的中药有近百种，如知柏地黄丸、二母丸、止嗽润肠丸等，因此，知母中药材在中医中药领域中占有很重要的地位。

二、改善生态环境

知母适应性很强，在山区大部分生长在坡地、沟堰、荒山等。由于知母药材的生态特性，发展知母种植可以起到很好的植被保护作用，减少水土流失。

1. 促进生物多样性

原有丘陵坡地生态系统极为简单，种植结构以单调的林草种植为主，甚至是荒山秃山，不利于形成健康和谐的生态群落，阻碍了区域环境的生物多样性的发展。为丰富生态系统的多样化布局，发挥生态多样化的优势，知母基地化种植，形成林草药多样化发展的生态格局，大面积知母药材种植明显优化了自然环境。生物多样性得到一定程度的恢复，植被覆盖率不断增加，环境不断改善。多样性的生物除为人类提供直接价值外，还有调节气候、涵养水源、保持水土等间接作用，成为人类生活和未来经济发展的基础，也是整个地球生命的基础。

2. 大大提高植被覆盖率

合理利用土地资源，提高丘陵、坡地的植被覆盖率，改变了原有的荒山秃岭的面貌。大面积知母药材种植后，原来裸露的山体表面为绿植覆盖，成为一道靓丽的绿化景观，极大恢复荒山荒坡的植被覆盖率。由于植被覆盖使地表对降雨的截留能力增大，从而减少水土流失，提高荒山、荒坡的土地利用率。

3. 极大减轻环境污染的危害

规范化种植基地的建设，避免药农对野生中药材掠夺式采挖，减少人为对野生环境的破坏，有效保护野生中药材资源，为中药材产业发展奠定了坚实的基础。通过采用规范化种植操作规程，规范肥料和农药用量，杜绝过量施肥喷药，带来的水体、大气、土壤环境污染，减少投资成本，提高肥料与农药的利用效率，同时将“无公害环保思想”贯穿于整个种植、生产、加工的全过程，确保中药材种植业的可持续发展的绿色之路。

4. 提高了蓄水、保土效益

知母药材生长迅速、扩展性强，大规模种植知母，可改善区域内土壤的物理结构。坡地种植知母，可护坡固土，防止土壤侵蚀，减少水土流失，治理生态环境恶化，改善生态环境。培植基地通过大量种植知母，加大了对降水的渗透和保蓄，有效地减弱了洪水的冲刷，为生态系统注入了良性动力。

附录一　中药材种子质量标准　西陵知母

一、范围

本部分规定了知母（*Anemarrhena asphodeloides* Bge.）种子质量要求、检验方法、检验规则。本部分适用于知母种子的生产和销售。

二、规范性引用文件

下列文件中的条款通过本部分的引用而成为本部分的条款。凡是注明日期的引用文件，其随后所有的修改单（不包括勘误的内容）或修订版均不适用于本部分，然而，鼓励根据本部分达成协议的各方研究是否可使用这些文件的最新版本。凡是不注明日期的引用文件，其最新版本适用于本部分。

GB/T 3543.2 农作物种子检验规程 扦样

GB/T 3543.3 农作物种子检验规程 净度分析

GB/T 3543.4 农作物种子检验规程 发芽试验

GB/T 3543.5 农作物种子检验规程 真实性和品种纯度鉴定

GB/T 3543.6 农作物种子检验规程 水分测定

三、质量要求

知母种子质量应符合附表-1的要求。

附表-1 知母种子质量评价

项 目	指 标
纯度（%），≥	98
净度（%），≥	95
发芽率（%），≥	65
水分（%），≤	10

四、检验方法

1. 扦样

（1）种子批的最大重量为1000kg。

（2）送验样品的最小重量为500g。

（3）水分测定试样最小重量为100g；净度分析试样最小重量为100g；其他种子计数试样最小重量为100g。

（4）其余部分按GB/T 3543.2执行。

2. 净度

按GB/T 3543.3执行。

3. 发芽率

发芽床采用纸间（BP），置床培养温度20℃，初次记数天数7天，末次记数天数14天，其余部分按GB/T 3543.4执行。

4. 真实性和品种纯度鉴定

按GB/T 3543.5执行。

5. 水分

按GB/T 3543.6执行。

五、检验规则

以种子的上述指标为质量检验依据，若其中一项达不到指标的即为不合格种子。

附录二 中药材种苗质量标准 西陵知母

一、范围

本标准规定了西陵知母（*Anemarrhena asphodeloides* Bge.）种苗标准的术语和定义、种苗要求、检测方法、判定规则以及包装贮存和运输的技术要求。

本标准适用于西陵知母种苗质量等级划分、种苗繁育和种苗贸易。

二、规范性引用文件

下列文件对于本文件的应用是必不可少的。凡是注日期的引用文件，仅所注日期的版本适用于本文件。凡是不注日期的引用文件，其最新版本（包括所有的修改单）适用于本文件。

GB 191包装储运图示标志。

三、术语和定义

下列术语和定义适用于本标准。

1. 西陵知母种苗

由西陵知母种子繁育而成的一年生植株幼苗。

2. 单株重

单株种苗的鲜重，用g表示。

3. 种球直径

种苗叶鞘基部膨大部分的直径，用cm表示。

4. 根数

单株种苗根的条数。

四、种苗要求

1. 外观要求

叶色浓绿、根数较多、生长健壮、无病虫害。

2. 种苗分级

依照单株鲜重、根数、种球直径和有无病虫害将西陵知母种苗划分为三级。低于三级的不能作为商品种苗使用。种苗分级指标见附表-2。

附表-2　西陵知母种苗分级指标

指标	一级种苗	二级种苗	三级种苗
根数（条）	≥ 20	≥ 16	≥ 7
单株重（g）	≥ 40	≥ 20	≥ 5
种球直径（cm）	≥ 1.6	≥ 1.4	≥ 0.8
病虫害	无检疫性病虫害	无检疫性病虫害	无检疫性病虫害

五、检测方法

1. 抽样

以在同一苗圃、统一播种、统一管理并同时采收的西陵知母种苗为同一个批次。同一批种苗要统一检验，采用随机抽样方法，种苗抽样数量依据苗批大小而定，按附表-3规定的抽样强度抽样。

附表-3 西陵知母种苗检测抽样数量

种苗株数/株	检测株数/株
500～1000	50
1001～10000	100
10001～50000	250
50001～100000	350
100001～500000	500
500000 以上	750

2. 检测

（1）根数　依据附表-3的种苗株数随机抽取相应检测株数的种苗，观察并计数每株种苗的根数，检验结果记录到附表-4表中。

（2）单株重　依据附表-3的种苗株数随机抽取相应检测株数的种苗，称其鲜重，检测结果记录到附表-4表中。

（3）种球直径　依据附表-3的种苗株数随机抽取相应检测株数的种苗，用游标卡尺测量每株知母种苗的最大种球直径，检测结果记录到附表-4表中。

（4）无检疫性病虫害。

附表-4　西陵知母种苗质量检测记录表

种苗类型：＿＿＿＿＿＿＿＿＿＿　　编号：＿＿＿＿＿＿＿＿＿＿

育苗单位：＿＿＿＿＿＿＿＿＿＿　　购买单位：＿＿＿＿＿＿＿＿＿＿

检验株数：＿＿＿＿＿＿＿＿＿＿

样本株号	根数（条）	单株重（g）	种球直径（cm）	级别

审核人：　　校核人；　　检测人（签字）：　　检测日期：　年　月　日

六、判定规则

定级时以达到各项指标中最低的一项来评定，同一批次供检样本中有一项指标低于三级种苗指标即判为不合格。根据检测结果，计算出样本中的一级种苗数、二级种苗数和三级种苗数，要求一、二、三级种苗数占供检总数的90%以上。检验单位出具种苗质量检验证书，见附表-5。

附表-5　西陵知母种苗质量检验证书

检验单位（公章）：　　　　　　　　　　　　　　　　编号：__________

育苗单位		购苗单位	
种苗量（株数）		种苗类型	
检验结果	一级：	二级：	三级：
检验意见			
证书签发期		证书有效期	
注：本证一式三份，育苗单位、购苗单位、检验单位各一份。			

审核人（签字）：　　　　校核人（签字）；　　　　　检测人（签字）：

七、包装、贮存与运输

用有孔的木箱或纸箱进行种苗包装，每个包装箱外贴标签，图示标志符合GB 191中关于包装储运图示标志的规定，注明产地、级别、数量、出圃日期、销售单位和合格证号等，见附表-6。运输中严防日晒和雨淋，运达目的地后及时种植或贮存在阴凉潮湿处。

附表-6　西陵知母种苗标签

种苗：西陵知母

种苗产地：________________

种苗级别：________________

种苗数量：________________

育苗单位：________________

出圃日期：________________

销售单位：________________

合格证号：________________

参考文献

[1] 国家药典委员会. 中华人民共和国药典（一部）[M]. 北京：中国医药科技出版社，2015.

[2] 解军波，王文全. 甘草道地产区演变史学探讨 [J]. 现代中药研究与实践，2009，23（3）：35-36.

[3] 廖洪利，王伟新，赵福胜，等. 知母化学成分研究进展 [J]. 药学实践杂志. 2005，23（1）：12-14.

[4] 李秋静. 知母种质资源类型与遗传多样性研究 [D]. 北京：北京中医药大学，2009.

[5] 吉星，冯毅凡. 知母中皂苷类成分研究进展 [J]. 中草药. 2010，41（4）：附12-15.

[6] 么厉，程惠珍，杨智. 中药材规范化种植（养殖）技术指南 [M]. 北京：中国农业出版社，2006.

[7] 卫云，丁如辰，李义林. 药用植物栽培技术 [M]. 济南：山东科学技术出版社，1985.

[8] 河北省安国药材种植试验场. 北方中草药栽培 [M]. 石家庄：河北人民出版社，1978.

[9] 谢晓亮，杨彦杰，杨太新. 中药材无公害生产技术 [M]. 石家庄：河北科学技术出版社，2014.

[10] 卢赣鹏等. 500味常用中药材的经验鉴别 [M]. 北京：中国中医药出版社，2000.

[11] Li T J, Qiu Y, Yang P Y, et al. Timosaponin B-Ⅱ improves memory and learning dysfunction induced by cerebral ischemia in rats [J]. Neuroscience Letters, 2007, 421: 147-151.

[12] Lu W Q, Qiu Y, Li T J, et al. Timosaponin BⅡ inhibits pro-inflammatory cytokine induction by lipopolysaccharide in BV2 cells [J]. Arch Pharm Res, 2009, 32（9）: 1301-1308.

[13] Kim J Y, Shin J S, Ryu J H, et al. Anti-inflammatory effect of anemarsaponin B isolated from the rhizomes of Anemarrhena asphodeloides in LPS-induced RAW 264. 7 macrophages is mediated by negative regulation of the nuclear factor -κ B and p38 pathways [J]. Food and Chemical Toxicology, 2009, 47: 1610-1617.

[14] Lee B, Jung K, Kim D. Timosaponin AIII, a saponin isolated from Anemarrhena asphodeloides, ameliorateslearning and memory deficits in mice [J]. Pharmacology Biochemistry and Behavior, 2009, 93: 121-127.

[15] 杨茗，季晖，戴胜军，等. 知母皂苷元对成骨细胞活性和破骨细胞分化及功能的影响 [J]. 中国药科大学学报. 2009，40（6）：544-548.

[16] Bao W N, Pan H F, Lu M, et al. The apoptotic effect of sarsasapogenin from Anemarrhena asphodeloides on HepG2 human hepatoma cells [J]. Cell Biology International, 2007, 31: 887-892.

[17] 韩兵，李春梅，李敏，等. 知母皂苷的降脂及抗动脉粥样硬化作用 [J]. 上海中医药杂志. 2006，40 (11)：68-70.

[18] 李春梅，高永林，李敏，等. 知母皂苷对小鼠血糖的影响 [J]. 中药药理与临床. 2005，21 (4)：22-23.

[19] 蒋杰，李明，向继洲. 知母宁抗流感病毒作用研究 [J]. 中国药师. 2004，7 (5)：335-338.

[20] 丁蔚茅. 知母宁抗乙肝病毒作用的实验研究 [J]. 中国新技术新产品. 2009，(17)：9.

[21] 邱水晶. 芒果苷对糖尿病大鼠肾脏的保护研究 [D]. 辽宁：辽宁医学院，2011.

[22] 于健东，马玲云，马双成，等. 知母中知母皂苷BⅡ的TLC 鉴别及HPLC 法含量测定 [J]. 药物分析杂志. 2005，25 (12)：1436-1437.

[23] 韩健，孙嬰琼，侯菊艳，等. 用HPLC-ELSD 法同时测定不同产地知母饮片中芒果苷、新芒果苷和知母皂苷BⅡ的含量 [J]. 药学服务与研究. 2011，(11)：39-41.

[24] 陈千良，孙小明，王文全，等. HPLC-ELSD同时测定知母药材中两种皂苷含量 [J]. 中华中医药学会第十届中药鉴定学术会议论文集. 2010，326-332.

[25] 可维，马春辉，张如隽. 不同来源知母药材HPLC-ELSD指纹图谱研究 [J]. 药物分析杂志. 2008，28 (1)：100-103.

[26] 刘彤焱，张胜强，石涛，等. 知母药材苷类成分RP-HPLC-ELSD指纹图谱研究 [J]. 东南大学学报. 2006，25 (1)：24-27.

[27] 蔡玉荣，王世勇，刘乡乡，等. 知母HPLC指纹图谱研究及相似度评价 [J]. 湖南中医杂志. 2005，21 (4)：79-80.

[28] 张志斐，肖蓉，袁志芳，等. 河北道地药材知母HPLC-ELSD指纹图谱研究 [J]. 药物分析杂志. 2006，26 (11)：1569-1573.

[29] 曾志，张艳萍，杨东晖，等. 高效液相色谱指纹图谱在中药知母上的应用 [J]. 中成药. 2005，27 (10)：1120-1124.

[30] 郭秋平，吴湖坤，关红晖. 不同产地的知母中总皂苷和菝葜皂苷元的含量测定 [J]. 时珍国医国药. 2008，19 (6)：1409-1410.

[31] 陈万生，刘垣升，乔传卓，等. 不同产地知母的化学成分及萨尔萨皂苷元的含量 [J]. 第二军医大学学报. 1997，18 (1)：84-86.

[32] 梁雷，边宝林，王宏洁. 不同产地知母药材中芒果苷和知母皂苷BⅡ的含量测定 [J]. 中国实验方剂学杂志. 2010，16 (16)：49-51.

[33] 原源，陈万生，孙连娜，等. 不同产地知母中的皂苷类成分的测定 [J]. 中草药. 2006，37 (10)：1574-1576.

[34] 陈千良. “西陵知母”质量特征及其影响因素研究 [D]. 北京中医药大学博士研究生学位论文. 北京：北京中医药大学，2006.

[35] 沈中琴. HPLC法测定不同产地知母中芒果苷的含量 [J]. 中医研究. 2007. 20 (1): 20–21.

[36] 侯秀清，毛春芹，陆兔林，等. 不同产地知母药材中芒果苷及菝葜皂苷元的含量测定 [J]. 中华中医药学刊. 2008，26 (11): 2368–2370.

[37] 容穗华，林海，高妮. 不同产地知母有效成分含量的HPLC 法测定 [J]. 现代医院. 2011，6 (11): 7–9.

[38] 王颖异，张立军，郭宝林. 知母药材质量控制进展 [J]. 科技导报. 2010，28 (13): 111–115.

[39] 陶弘景撰，尚志钧辑校. 本草经集注辑校本 [M]. 北京：人民卫生出版社，1994.

[40] 唐慎微撰，尚志钧校点. 大观本草 [M]. 合肥：安徽科学技术出版社，2003.

[41] 卢多逊，李昉等撰. 尚志钧辑校. 开宝本草 [M]. 合肥：安徽科学技术出版社，1998.

[42] 陈嘉谟撰，王淑民等点校. 本草蒙筌 [M]. 北京：人民卫生出版社，1988.

[43] 刘文泰等纂. 本草品汇精要 [M]. 北京：人民卫生出版社，1964.

[44] 李中立撰. 本草原始续修四库本 [M]. 上海：上海古籍出版社，2002.

[45] 蒋仪纂. 药镜四库存目本 [M]. 济南：齐鲁书社，1995.

[46] 欧阳修，李逸安点校. 新唐书 [M]. 北京：中华书局，2001.

[47] 肖培根. 新编中药志 [M]. 北京：化学工业出版社，2002.

[48] 江苏新医学院. 中药大辞典 [M]. 上海：上海科学技术出版社，1996.

[49] 中国科学院中国植物志编辑委员会. 中国植物志 [M]. 北京：科技出版社，1977.

[50] 国家中医药管理局中华本草编委会. 中华本草 [M]. 上海：上海科学技术出版社，2020–2021.